农村环境与发展

Study on the Prevention and Control of Regional
Agricultural Non-point Source Pollution-A Case Study of Honghu City

区域农业面源
污染防治研究

——洪湖市案例

主编：李兆华
李循早
戴武秀

吉林大学出版社

图书在版编目（CIP）数据

区域农业面源污染防治研究：洪湖市案例/李兆华，李循早，戴武秀主编 .—长春：吉林大学出版社，2019.3

ISBN 978-7-5692-4362-8

Ⅰ.①区… Ⅱ.①李… ②李… ③戴… Ⅲ.①农业污染源－面源污染－污染控制－研究－洪湖市 Ⅳ.① X501

中国版本图书馆 CIP 数据核字（2019）第 039713 号

书　　名	区域农业面源污染防治研究——洪湖市案例
著　　者	李兆华　李循早　戴武秀　主编
策划编辑	李承章
责任编辑	安　斌
责任校对	赵　莹
装帧设计	罗　雯
出版发行	吉林大学出版社
社　　址	长春市人民大街 4059 号
邮政编码	130021
发行电话	0431-89580028/29/21
网　　址	http://www.jlup.com.cn
邮　　箱	jdcbs@jlu.edu.cn
印　　刷	河北盛世彩捷印刷有限公司
开　　本	787mm×1092mm　1/16
印　　张	10
字　　数	160 千字
版　　次	2019 年 3 月　第 1 版
印　　次	2019 年 3 月　第 1 次
书　　号	ISBN 978-7-5692-4362-8
定　　价	63.00 元

本书编著人员名单

主　编：李兆华　李循早　戴武秀
副主编：封　瑛　陈红兵

编写人员（按姓氏笔画排序）：

王万洪	王永波	王向平	王莹莹	史武阶	李兆华
李贤琼	李　昆	李循早	吴以学	吴迪民	何太平
何全生	张　劲	陈红兵	陈　默	周　巍	郑普兵
封　瑛	赵丽娅	莫彩芬	董本福	覃艳丽	曾继参
戴同威	戴武秀				

前　　言

　　农业面源污染是指在农业生产活动中，由农药、化肥、废料、沉积物、致病菌等分散污染源引起的对水层、湖泊、河岸、滨岸、大气等生态系统的污染。面源污染自 20 世纪 70 年代被提出和证实以来对水体污染所占比重随着对点源污染的大力治理呈上升趋势，而农业面源污染是面源污染的最主要组成部分，重视农业面源污染是国际大趋势。

　　我国土壤和水体污染及农产品质量安全风险日益加剧，一方面是由于工矿业和城乡生活污染向农业转移排放，导致农产品产地环境质量下降；另一方面也由于化肥、农药长期不合理且过量使用，畜禽粪便、农作物秸秆和农田残膜等农业废弃物不合理处置，造成农业面源污染日益严重。在我国农业活动中，非科学的经营管理理念和落后的生产方式是造成农业环境面源污染的重要因素，如剧毒农药的使用、过量化肥的使用、不可降解农膜弃于田间、露天焚烧秸秆、大型养殖场禽畜粪便不做无害化处理随意堆放等。这些污染源对环境的污染，尤其对水环境的污染影响最大，据统计，农业面源污染占河流和湖泊富营养问题的 60%~80%。

　　加强农业面源污染治理，是转变农业发展方式、推进现代农业建设、实现农业可持续发展的重要任务。习近平总书记指出，农业发展不仅要杜绝生态环境欠新账，而且要逐步还旧账，要打好农业面源污染治理攻坚战。2015 年中央 1 号文件对"加强农业生态治理"做出专门部署，强调要加强农业面源污染治理。

农业部会同有关部门先后出台了《全国农业可持续发展规划（2015—2030 年）》《农业突出环境问题治理规划（2015—2018）》《关于打好农业面源污染防治攻坚战的实施意见》《到 2020 年化肥使用量零增长行动方案》《到 2020 年农药使用量零增长行动方案》等文件。

我国农业面源污染量大面广、复杂多样，污染防治工作起步也比较晚，要打好农业面源污染治理攻坚战并不容易。同时，农业面源污染是长期累积的问题，有其特殊性和复杂性，不可能在一朝一夕中得到完全解决，需要长时期的不懈努力。国家要求力争到 2020 年农业面源污染加剧的趋势得到有效遏制，实现"一控两减三基本"。"一控"，即严格控制农业用水总量，大力发展节水农业；"两减"，即减少化肥和农药使用量，实施化肥、农药零增长行动；"三基本"，即畜禽粪便、农作物秸秆、农膜基本资源化利用，大力推进农业废弃物的回收利用。农业面源污染监测网络常态化、制度化运行，农业面源污染防治模式和运行机制基本建立，农业资源环境对农业可持续发展的支撑能力明显提高，农业生态文明程度明显提高。

洪湖市以其境内最大的湖泊——洪湖而命名，是"湖北省优势农产品建设先进县（市）""全国农田水利建设先进县（市）""全国造林绿化百佳县市""湖北省水产大县""湖北省园林城市"。洪湖市农业在湖北省占有举足轻重的地位，2016 年洪湖市实现农业总产值 127.12 亿元，全年粮食总产 65.95 万吨，棉花总产量 4102 吨，油料总产量 8.28 万吨，生猪出栏 43.21 万头、禽出笼 422.38 万只，水产品产量 48.52 万吨。

然而，由于农业资源长期透支、过度开发，资源利用的问题越来越突出；另一方面，农业面源污染加重，农业生态系统退化，生态环境的承载能力越来越接近极限。农业发展面临资源条件和生态环境"两个紧箍咒"，加快转变发展方式。防治农业污染、实现可持续发展，迫在眉睫、刻不容缓。

为了更好地贯彻党的十八大和十八届三中、四中、五中、六中全会和习总书记系列讲话精神，按照 2016 年中央"一号文件"《关于落实发展新理念加快农业现代化实现全面小康目标的若干意见》要求，落实《农业突出环境问题治理规划（2015—2018）》和《关于打好农业面源污染防治攻坚战的实施意见》总体部署，解决长期困扰洪湖水环境保护的农业面源污染防治问题，中共洪湖市委、市政府责成县农业局会同有关部门组织编制"洪湖市农业面源污染防治规划"。通过推进以面源污染防治为核心的水污染系统控制行动，使洪湖水生态环境得到明显改善，环境基础设施规范化，洪湖流域水环境管理体系日臻完善，把洪湖市建设成为农业面源控制示范区和农业可持续发展示范区。

　　本书是洪湖市农业面源污染防治规划的研究报告，涉及自然、社会、经济、生态的方方面面，由于编者水平有限，难免挂一漏万，敬请各位专家领导批评指正。

　　　　　　　　　　　　　　　　"洪湖市农业面源污染防治研究"课题组

　　　　　　　　　　　　　　　　　　　　　2017 年 9 月 30 日

目　录

第一章 总 论

一、任务由来

　　加强农业面源污染治理，是转变农业发展方式、推进现代农业建设、实现农业可持续发展的重要任务。习近平总书记指出，农业发展不仅要杜绝生态环境欠新账，而且要逐步还旧账，要打好农业面源污染治理攻坚战。李克强总理指出，要坚决把资源环境恶化势头压下来，让透支的资源环境得到休养生息。2015年中央1号文件对"加强农业生态治理"做出专门部署，强调要加强农业面源污染治理。2016年政府工作报告也提出了加强农业面源污染治理的重大任务。2016年9月农业部发布《关于打好农业面源污染防治攻坚战的实施意见》，2017年3月农业部印发《2017年农业面源污染防治攻坚战重点工作安排》，把农业面源污染防治上升到生态文明建设的高度。

　　洪湖市是全国重要的粮棉油和水产基地，也是中国第七大淡水湖、湖北省第一大湖洪湖所在地。近年来，受经济发展、人口增多、产业结构不合理等因素影响，流域内水环境持续恶化，直接威胁到洪湖的水质稳定。虽然洪湖市人民政府积极开展洪湖综合整治活动，加强基础设施建设和相关政策制度完善，但水污染问题仍未得到根本解决。

　　农业面源污染是洪湖水环境恶化的重要原因之一，特别是近年发展迅速的水产围栏养殖、集约化畜禽养殖、种植业化肥的大量使用和村镇生活污水未经处理的随意排放，对农业面源污染的影响较大。为改善洪湖流域水环境质量，控制农业面源污染，逐步恢复洪湖流域水生态环境良性循环，实现区域经济、社会和环境的协调发展，根据《全国农业可持续发展规划（2015—2030年）》《农业突出环境问题治理规划（2015—2018）》《关于打好农业面源污染防治攻坚战的实施意见》的总体要求，编制《洪湖市农业面源污染防治规划（2017—2020）》。

本书是规划性的研究报告，全书以习近平总书记"两山论"为指导，按照建设资源节约型和环境友好型社会的要求，坚持以人为本、城乡统筹、以环境保护优化经济增长，把洪湖市农村面源污染控制与产业结构调整、节能减排、推进环境友好的农村生产生活方式、推行循环高效的现代生态农业结合起来，强化农村环境综合整治，加强农村生态文明建设，积极探索农村环境保护新道路，为农村地区有效控制农业面源污染提供典型示范和经验借鉴，为构建全面小康社会提供环境安全保障。

二、指导思想与基本原则

1. 指导思想

全面贯彻党的十九大和十八届三中、四中、五中、六中全会精神，深入贯彻习近平总书记系列重要讲话精神和治国理政新理念、新思想、新战略，统筹推进"五位一体"总体布局和协调推进"四个全面"战略布局，牢固树立和贯彻落实创新、协调、绿色、开放、共享的发展理念，按照党中央、国务院决策部署和建设资源节约型和环境友好型社会的要求，坚持以人为本、城乡统筹、防治结合，把农村面源污染防治与产业结构调整、节能减排、新农村建设和生态农业及现代农业结合起来，全面推进农村环境综合整治，建设农村生态文明，积极探索农村环境保护新道路，为洪湖市全面建成小康社会提供环境安全保障。

2. 基本原则

以人为本，注重民生。以遵循人与自然和谐为核心理念，统筹治理任务和工程布局，将与健康密切相关的饮用水、食品安全、人居环境、血吸虫防控等作为本规划的重要关注点，增强流域社会经济发展的生态环境支撑能力。

突出示范，强化基础。针对洪湖水生态环境退化的突出问题，以农业面源污染控制为核心，全面推进洪湖流域水环境综合整治和生态修复，体现典型示范性，突出湖北省新农村建设及农村环境保护工作特色，体现农村环保"一控两减三基本"示范工程的建设成果。注重强化环境基础设施建设，增强水污染防治能力建设，建立完善农业面源控制的配套技术体系、管理制度和政策保障机制。

分类指导，分区治理。洪湖市各区域社会经济和生态环境问题不尽相同，产业布局、人口分布在流域空间上存在差异，因此，本规划治理方案设计，将根据不同区域的特点，划分农业面源污染管控分区，选取分类治理模式，提高治理成效。

循环再生，节约高效。农村环境保护与区域经济发展紧密结合，遵循循环经济理念，建设节约型农业，提高农业废物的循环利用水平，最大限度地提高土地、水资源的利用率，使经济活动对自然环境的影响和压力降到最低程度。

突出重点，注重实效。重点抓好"一控"，即控制农业用水的总量，划定总量的红线和利用系数率的红线；"两减"，把化肥、农药的使用总量减下来；"三基本"，针对畜禽污染处理问题、地膜回收问题、秸秆焚烧的问题采取相关措施，通过资源化利用的办法从根本上解决好这个问题。对于牲畜粪便主要抓两条：一是种养结合；二是重点对规模养殖场进行改造，采取干湿分离、雨污分流的办法把粪污通过沼气工程充分利用起来。对于地膜回收，一是要修改标准，要提高薄膜的厚度，现在薄膜太薄，很难回收；二是研发可降解的农膜，研发回收机械，通过这些将地膜回收。对于秸秆焚烧，一是肥料化，二是饲料化，三是基料化。

统筹规划，分步推进。根据农村环境特点与经济发展水平，确定各阶段的规划目标和任务，优先解决影响面广、矛盾突出的问题，分步加以落实。

三、范围与时限

1. 范围

规划涵盖洪湖市全境，涉及国土面积2519平方千米，包括2个街道（新堤街道、滨湖街道），14个镇（乌林镇、螺山镇、龙口镇、燕窝镇、新滩镇、黄家口镇、峰口镇、府场镇、曹市镇、戴家场镇、沙口镇、瞿家湾镇、万全镇、汊河镇），1个乡（老湾回族乡），3个管理区（大同湖管理区、大沙湖管理区、小港管理区）。其中含45个居民委员会、445个村民委员会；201个居民小组、2902个村民小组。

2. 时限

规划基准年为2016年，规划期2017—2020年，展望期2021—2025年，重点考虑近期的规划内容及工程项目。

四、依据

《中华人民共和国农业法》（2002 年）

《中华人民共和国渔业法》（2004 年修正）

《中华人民共和国水土保持法》（2010 年修订）

《中华人民共和国土地管理法》（2004 年修正）

《中华人民共和国清洁生产促进法》（2012 年修正）

《建设项目环境保护管理条例》（国务院 253 号令，1998 年）

《中华人民共和国水法》（2002 年修订）

《中华人民共和国基本农田保护条例》（国务院 257 号令，1998 年）

《中华人民共和国环境保护法》（2014 年修订）

《中华人民共和国固体废物污染环境防治法》（2013 年修正）

《全国农业可持续发展规划（2015—2030 年）》

《全国现代农业发展规划（2011—2015 年）》

《湖北省湖泊保护条例》（2012 年）

《湖北省水污染防治条例》（2014 年）

《中共中央 国务院关于加快推进生态文明建设的意见》（2015）

《中共湖北省委 湖北省人民政府关于大力加强生态文明建设的意见》（鄂发〔2009〕25 号）

《湖北生态省建设规划纲要（2013—2030）》（2013）

《湖北省农业发展"十三五"规划》（2016）

《荆州市农业发展"十三五"规划》（2016）

《洪湖湿地保护条例》（1996）

《洪湖市土地利用总体规划（2006—2020 年）》（2008）

《洪湖市国民经济和社会发展第十三个五年规划纲要》（2016）

《洪湖市城镇体系规划（2014—2030 年）》（2014 年）

《洪湖市旅游发展总体规划（2015—2020 年）》（2016 年）

《地表水环境质量标准》（GB3838—2002）

《生活饮用水卫生标准》（GB5749—85）

《环境空气质量标准》（GB3095—2012）

《土壤环境质量标准》（GB15618—1995）

《声环境质量标准》（GB 3096—2008 ）

《污水综合排放标准》（GB8978—1996）

《大气污染物综合排放标准》（GB16297—1996）

《渔业水质标准》（GB11607—89）

《农田灌溉水质标准》（GB5084—92）

《畜禽养殖业污染物排放标准》（GB18596—2001）

《"绿色食品"产品管理暂行办法》（农业部）

《绿色食品标志设计标准手册》（农业部）

《畜禽养殖业污染防治技术规范》（HJ/T81—2001）

《有机食品技术规范》（HJ/80—2001）

《农药安全使用标准》（GB4285—1989）

《生活垃圾填埋污染控制标准》（GB16889—1997）

《城镇垃圾农用控制标准》（GB 8172—1987）

《保护农作物的大气污染物最高允许浓度》（GB9137—88）

《生活饮用水水源水质标准》（CJ3020—1993）

五、目标

1. 总目标

到 2025 年，通过推进以农业面源污染防治为核心的水污染系统控制行动，使洪湖水生态环境得到明显改善，环境基础设施规范化，洪湖流域水环境管理体系日臻完善，人水高度和谐，把洪湖市建设成为农业面源控制示范区和农业可持续发展示范区。

2. 阶段目标

规划期（2017—2020 年）。通过推进洪湖流域农业面源污染综合治理、加大农村环境基础设施投入力度，使农业化学品的使用强度逐步降低，农业废弃物综合利用水平得到明显提高，水产养殖业污染得到重点控制，生活污水排放达标，村镇人居环境状况得到明显改善。力争到 2020 年洪湖市农业面源污染加剧的趋势得到有效遏制，实现"一控两减三基本"。"一控"，即严格控制农业用水总量，大力发展节水农业，确保农田灌溉水有效利用系数达到 0.55；"两减"，即减少化肥和农药使用量，实施化肥、农药零增长行动，确保测土配方施肥技术覆盖率达 90% 以上，农作物病虫害绿色防控覆盖率达 30% 以上，肥料、农药利用率均达到 40% 以上，主要农作物化肥、农药使用量实现零增长；"三基本"，即畜禽粪便、农作物秸秆、农膜基本资源化利用，大力推进农业废弃物的回收利用，确保规模畜禽养殖场（小区）配套建设废弃物处理设施比例达 75% 以上，秸秆综合利用率达 90% 以上，农膜回收率达 80% 以上。农业面源污染监测网络常态化、制度化运行，农业面源污染防治模式和运行机制基本建立，农业资源环境对农业可持续发展的支撑能力明显提高，农业生态文明程度明显提高。

展望期（2021—2025 年）。洪湖市农业面源污染得到有效控制，农业清洁生产与循环经济全面推进，水土环境获得明显改善，水体生态功能基本恢复，绿色、有机食品生产基地规模大幅提高，农村人居环境全面改善，优美乡镇和生态村建设全面推进，生态文明深入人心，为建设"清洁水源、清洁家园、清洁田园"的社会主义新农村和全面建设生态文明社会提供坚实的环境安全保障。

第二章 基本条件

一、自然地理

地理位置。洪湖市位于湖北省中南部，江汉平原东南端，东、南濒临长江，分别与湖南省临湘市、岳阳市北区、湖北省赤壁市及嘉鱼县隔江相望，西傍洪湖与监利县水陆交界，北依东荆河与仙桃市、汉南区相邻，且位于武汉城市群 100~150 千米生活圈。地理坐标为东经 113°07′35″ ~ 114°05′10″，北纬 29°38′49″ ~ 30°12′30″，全境东西长 94 千米，南北宽 62 千米。

地质地貌。洪湖市地处四湖流域，属我国东部新华夏系第二沉降带的江汉沉降区，是由燕山运动开始形成的内陆断陷盆地，其构造格局受西北、西北西和东北北向构造线所控制。本区在燕山运动以后形成的两组基岩断裂将区内切成许多块断体；前第四纪受地质外营力的作用形成一个巨大深厚的山麓相洪积、河湖相沉积；全新世以来形成了若干个河流洼地，其中之一就是长江和东荆河之间的河间洼地。在洼地中，两侧为河流沉积物，天然堤或人工堤堆积，中间洼地处潜水不畅，壅塞成湖，洪湖便由此形成。

地面高程。洪湖市地势自西北向东南呈缓倾斜，形成南北高、中间低的平坦地貌。全市海拔低于 10 米的平原面积为 41.77 平方千米，占全市面积的 1.66%；海拔位于 10~15 米的平原面积为 130.12 平方千米，占全市面积的 5.17%；海拔在 15~20 米之间的平原面积为 947.50 平方千米，占全市面积的 37.61%；海拔在 20~25 米之间的平原面积为 1117.37 平方千米，占全市国土面积 44.36%；海拔位于 25~30 米的平原面积为 201.32 平方千米，占全市面积的 7.99%；海拔高于 30 米的平原面积为 80.92 平方千米，占全市国土面积的

3.21%。洪湖市海拔大多位于 20~25 米之间，其次为 15~20 米，全市地势较为平坦，地形起伏度和坡度变化幅度不大。

气候气象。洪湖市属亚热带湿润季风气候，其特点是冬夏长，春秋短，四季分明，光照充足，雨量充沛，温和湿润，夏热冬冷，降水集中于春夏，洪涝灾害较多。洪湖市年平均气温在 16.6℃左右。全市气温由东南向西北逐渐递减，常年最冷月为 1 月，平均气温 3.8℃，最低气温 –13.2℃（1977 年 1 月 30 日）。常年最热月为 7 月和 8 月，平均气温 28.9℃，最高气温 39.6℃（1971 年 7 月 21 日）。日温差平均在 7.7℃左右，6—7 月最小，为 7.2℃；10 月最大为 8.7℃。地面温度，历年平均为 19℃，地面最高温度为 69.2℃（1970 年 8 月 2 日），地面最低温度为 –20.1℃（1977 年 1 月 30 日）。洪湖市平均日照在 1980~2032 小时之间，平均每天日照 5.4~5.6 小时，年日照百分率为 45%。各月日照时数以 6—8 月最多，达 700~750 小时，占全年的 35.8%~36.9%；12—2 月最少，只占全年的 18.8%。洪湖境内年均降雨日为 135.7 天，降雨量在 1060.5~1331.1 毫米之间。降雨量最多的是 1954 年的 2309.4 毫米，最少的是 1968 年的 774.4 毫米。年降雨量的地域差异明显，春季以南部的螺山最多、北部的峰口最少，两地差值为 112.8 毫米。夏季各地降雨量普遍增加，4—10 月降雨量约占全年降雨量的 74%，降雨空间分布是由东南向西北递减。全市年平均暴雨日数为 38 天，5—6 月为一年中暴雨最多的时段，占 51.4%。

二、资源禀赋

1. 土地资源

洪湖市的国土面积为 2519 平方千米，约占全省总面积的 1.39%。（1）农用地 261.5813 万亩（1 亩≈666.67 平方米），占国土面积（下同）的 69.23%，其中耕地（含水田、旱地、菜地）115.7149 万亩，占 30.62%；园地 0.2584 万亩占 0.07%；林地 6.0745 万亩，占 1.61%；其他农用地 139.5335 万亩（含坑塘 108.5208 万亩、农用道路用地 6.1386 万亩），占 36.93%。（2）建设用地 32.6338 万亩，占 8.64%，其中交通运输用地 1.0861 亩，占 0.29%；居民及工矿用地 25.1147 万亩，占 6.65%；水利设施用地 6.4147 万亩，占 1.70%。（3）未利用地及其他面积 83.6322 万亩，占 22.13 %，其中沙地 0.0030 万亩，占 0.0008%；河流面积 20.5335 万亩，占 5.43 %；湖泊面积 49.5622 万亩，占 13.12%；滩涂面积 13.5365 万亩，占 3.58%。

洪湖市土地资源结构以耕地和水域为主要土地类型，占全市总面积的 75.1%。其开发利用的主要特点为：一是严格控制乱占滥用耕地，合理利用每一寸土地，但由于人多地少的矛盾突出，耕地呈逐年递减的趋势；二是努力提高土地资源利用率，一方面采取得力措施加快低产田的改造步伐，另一方面努力提高农作物的复种指数；三是大力开展土地规模平整，建设高产农田项目区；四是综合立体开发水域资源，大湖、子湖、小塘堰一齐开发利用，扩大精养水面，优化养殖模式，发展名特优新品种；五是充分开发水利资源，配套兴建了一系列水利基础设施，大力推广"林水结合"模式疏挖河道，涵闸、泵站更新改造每年都有大动作；六是鼓励开垦荒地、荒滩，迁村腾地，探索建立"中心村"；七是鼓励、引导土地适度规模经营，提高土地经营效益。

2. 矿产资源

煤分布在乌林镇香山—凤山一带，矿层薄，深度、品位低，工艺复杂，成本高，无开采价值。石油分布在瞿家湾、沙口、汊河、峰口、万全地区。瞿家湾、沙口生油区的地层厚度大于 2500 米，生油岩厚度一般为 150~250 米，最厚大于 265 米，但未发现生油深洼子。峰口、万全生油区的地层厚度大于 3500 米，生油岩厚度一般为 300~800 米，最厚大于 1000 米，已获得工业油流。天然气分布在螺山、新堤、乌林、滨湖一带，钻探试测表明，气藏已被地表水冲刷破坏，日产量均在 1000 立方米以下。

3. 水资源

洪湖湖区为"四湖"（长湖、三湖、白露湖、洪湖）汇归之地，因而成为具有江南地理特征的水网地区，素有"百湖之市""水乡泽国"之称。主要河渠除南沿长江、北依东荆河外，区域内还有内荆河、"四湖"总干渠、洪排河、南港河、陶洪河、中府河、下新河、蔡家河、老闸河等大小河渠 113 条，总长度达 900 千米；千亩以上的湖泊有洪湖、大沙湖、大同湖、土地湖、里湖、沙套湖、肖家湖、云帆湖、东汊湖、塘老堰、洋圻湖、后湖、太马湖、金湾湖、形斗湖等 26 个（见表 2-1）。

表 2-1 洪湖市主要湖泊基本情况一览表

序号	名称	面积（平方千米）	湖泊位置	湖泊水面中心位置		常年水位（米）	所属水系
				东经	北纬		
1	洪湖	308	洪湖市螺山镇、新堤街、滨湖办事处、汉河镇、沙口镇、瞿家湾镇，监利县福田寺镇、汊河镇、棋盘乡、桥市乡、柘木乡、螺山镇、朱河镇	113°20′13″	29°51′20″	24	四湖流域
2	沙套湖	3.91	燕窝镇、新滩镇	113°57′21″	30°8′40″	24	下内荆河
3	里湖	1.12	汉河镇	113°35′2″	29°58′36″	22.5	四湖流域
4	施墩河湖	0.290	新堤街	113°25′15″	29°48′49″	22.6	四湖流域
5	周家沟湖	0.027	新堤街	113°27′3″	29°49′45″	22.9	四湖流域
6	土地湖	0.84	沙口镇	113°19′21.0″	29°56′46.2″	21.49	四湖流域
7	后套湖	0.43	燕窝镇	113°56′31.1″	30°7′40.4″	22.06	下内荆河
8	老湾潭子	0.35	老湾镇	113°39′32.4″	29°57′27″	23.5	四湖流域
9	姚湖	0.34	燕窝镇	114°1′5.20″	30°7′36.5″	2.98	下内荆河
10	西套湖	0.29	新滩镇	113°54′50.4″	30°7′45.8″	23.5	下内荆河
11	还原湖	0.27	龙口镇	113°44′13.2″	29°57′25.5″	22.95	下内荆河
12	撮箕湖	0.27	新堤街	113°25′48″	29°48′26.6″	24.5	四湖流域
13	港北垸湖	0.22	乌林镇	113°33′57.6″	29°57′28″	无	四湖流域
14	四百四	0.22	燕窝镇	114°1′48″	30°6′39.2″	23.84	下内荆河
15	昌老湖	0.15	乌林镇	113°35′34.8″	29°55′54.8″	无	四湖流域
16	南凹湖	0.15	汉河镇	113°32′52.8″	29°57′39.2″		
17	虾子沟	0.15	燕窝镇	113°59′16.8″	30°9′22.6″	21.9	下内荆河
18	白沙湖	0.14	龙口镇	113°47′27.6″	30°0′0.7″	22.45	四湖流域
19	民生湖	0.14	新滩镇	113°50′31.2″	30°9′24.8″	27	东荆河
20	老洲潭子	0.13	龙口镇	113°42′50.4″	29°59′5.6″	22.37	下内荆河
21	泊塘湖	0.12	大沙湖管理区	113°53′16.8″	30°5′18.2″	23.6	彭陈渠流域
22	太马湖	0.091	滨湖办事处	113°26′13.2″	29°57′14.4″	24.8	四湖流域
23	硃口潭子	0.08	乌林镇	113°34′8.4″	29°54′21.2″	无	四湖流域
24	彭家边湖	0.076	燕窝镇	113°59′2.4″	30°6′32.7″	23.98	下内荆河
25	新潭子	0.073	乌林镇	113°37′48″	29°55′59.1″	无	四湖流域
26	双桥潭子	0.067	龙口镇	113°47′31.2″	29°57′14″	20.9	下内荆河

主要河流（见表 2-2）。一是长江，上由监利的韩家埠入境，经螺山、新堤、龙口、大沙、燕窝等地，至新滩口的胡家湾出境，长约 135 千米。二是东荆河，由监利

的陈家湾入境，东流经郭口、施家港、朱市、白庙后，折向东南而行，到小长河口水分两支，北支入仙桃境内东去，东支注入长江，市境内东荆河长92千米，为该河总长度的52.89%，河道面宽150~450米，最大水深10米以上，枯水时水深0.7~1.5米。三是内荆河，从监利的古墩入境，流经瞿家湾、沙口、小港等地后入长江，市境内长140.5千米，占内荆河道总长的39.34%。四是"四湖"总干渠，起自荆门市的长湖，由监利县的柳家湖入境，至新滩排水闸入长江，市境内长95.5千米，占全渠总长度的51.76%。五是洪排河，是人工河，起自监利县的半路堤，由瞿家湾镇屯小村入境，流经沙口、汪庙等地后通过高潭口电排站入东荆河，长约67千米，市境内长度约37.5千米，约占该河道总长的55.97%。六是洪湖，湖北省第一大淡水湖，为通江湖泊，现有面积348.33平方千米。湖底高程22~22.8米，自西向东略有倾斜，西浅东深，平均水深1.35米，洪水期深2.32米。当水位在24.5~26米时，湖水面积可达60万亩，其相应蓄水容积为5.5~8亿立方米。

表2-2 洪湖市境内主要河流

河流	备注
长江	上由监利的韩家埠入境，经螺山、新堤、龙口、大沙、燕窝等地，至新滩口的胡家湾出境，长约135千米
东荆河	由监利的陈家湾入境，东流经郭口、施家港、朱市、白庙后，折向东南而行，到小长河口水分两支，北支入仙桃境内东去，东支注入长江，市境内东荆河长92千米，为该河总长度的52.89%
内荆河	从监利的古墩入境，流经瞿家湾、沙口、小港等地后入长江，市境内长140.5千米，占内荆河道总长的39.34%
"四湖"总干渠	起自荆门市的长湖，由监利县的柳家湖入境，至新滩排水闸入长江，市境内长95.5千米，占全渠总长度的51.76%
洪排河	人工河，起自监利县的半路堤，由瞿家湾镇屯小村入境，流经沙口、汪庙等地后通过高潭口电排站入东荆河，长约67千米，市境内长度约37.5千米，约占该河道总长的55.97%

地下水资源量。2014年洪湖市地下水资源量2.5382亿立方米，其中地表水资源量与地下水重复计算量1.2736亿立方米。洪湖市境内诸水汇集，地下水与江河水贯通互补，为地下水提供了充足的补给来源。洪水期地下水上升甚至溢出地面；枯水期有江河湖水调节补给，具有庞大的储水空间。从空间分布上看，长江、东荆河沿线，新堤—龙口一线西北地区以及新堤片区地下水储量丰富，水质优良。

水资源总量。综合 2014 年地表水资源量和地下水资源量，统计得出 2014 年洪湖市水资源总量 13.4965 亿立方米，产水系数 0.437，产水模数为 53.6 万立方米／平方千米。

地表水资源。共 19.10 亿立方米，占湖北省水资源总储量 1.9%，人均 2528 立方米。境内雨量充沛。由于江河环绕，湖多河密，地表水极其丰富，为地下水提供了充足的补给来源。因此，洪湖市地下水具有总量大、水位高、容易开采等特点。由于有充足的地表水可供利用，供需矛盾暂不突出，境内地下水开采量还不大，每年开采的地下水约为 490 万立方米，主要用于乡镇人民生活。2000 年 5 月，乌林镇境内发现地热资源。2006 年，省水文地质工程地质大队成功打出江汉平原第一口浅埋地热井，出水温度达 72℃。后又经一年时间陆续成功打出三口温泉井。泉水无色透明，稍带硫黄味。经检测，该地区地热流体中微量元素如锂、硒、溴、碘、钡、锰、锶、铝、硼、铁等含量十分丰富，对人体非常有益，是一处不可多得的医疗卤水资源，对心血管病、皮肤病、关节炎、风湿病、骨质疏松、外伤（骨伤）愈合有显著疗效或辅助疗效，具有十分重要的开发价值。

4. 旅游资源

洪湖拥有湿地生态、红色旅游、三国文化、地热温泉等丰富的旅游资源。洪湖为全国第七、湖北第一大淡水湖泊，旅游开发潜力巨大。洪湖蓝田风景区是国家"4A"级旅游风景区，原瞿家湾农业产业化经济开发区经省政府批准更名为"湖北洪湖生态旅游度假区"，每年吸引众多游客。2011 年，洪湖旅游区（瞿家湾镇古街、蓝田生态园、悦兮·半岛温泉）荣获"灵秀湖北十大旅游新秀"称号。境内还有著名的三国乌林古战场和元末农民起义领袖陈友谅出生地黄蓬山等众多历史遗迹。

（1）洪湖是洪湖市知名度最高的综合性旅游景区。洪湖景区以自然景物为主，以水、莲、鱼、鸟和渔家民俗等为赏玩对象，以泛舟、垂钓、采莲、观鸭（鸟）为主要赏玩内容。其中蓝田生态旅游风景区已被评定为国家 4A 级风景区。

（2）乌林历史名胜风景区位于洪湖市城区以东 15 千米处，隔江与南岸的赤壁市赤壁山相对，是江汉平原罕见的丘陵地带。著名的赤壁之战"火烧乌林"就发生在这里。主要相关景点有：白骨塌，红血巷，乌林寨，曹操湾，摇头山，放马场，曹公祠。另外，乌林历史名胜风景区还有圆山遗址；有两汉、两晋、南北朝、唐宋元明清时期的墓葬群 12 处；有陈友谅故里等遗址。

（3）湘鄂西苏区革命烈士纪念馆，又称烈士陵园,落成于1984年11月10日。馆址坐落于中心城区西南缘的长江之滨，陵园占地面积300亩，原国家主席李先念为纪念馆题写了馆名。纪念馆以烈士祠、陈列馆、纪念碑为主体,辅以牌坊、人工湖、花坛、假山组成。纪念碑居陵园的核心部位，通高23米，碑身正面镶嵌"湘鄂西苏区革命烈士纪念碑"12个黑色磨光花岗石的立体行书大字。碑身背面浮刻有贺龙元帅于1957年书写的"革命烈士们的业绩鼓舞着我们永远前进"的题词。底座正面是国务院于1957年12月为洪湖纪念碑撰写的碑文。1987年10月，该馆被国家民政部定为全国重点烈士陵园。

（4）白鳍豚自然保护区位于洪湖市新滩至螺山长江江段，全称为中华人民共和国长江新螺段白鳍豚自然保护区，是中国国家级白鳍豚自然保护区。经科学探测，该区共有白鳍豚100多头。白鳍豚号称生物界的"稀世珍宝""水中大熊猫"，不仅在仿生学、生物学和军事学方面具有极高的研究价值，而且极具观赏价值。该保护区已成为洪湖市的一大旅游景点。

5.农业生物资源

农作物种资源包括棉花、水稻、小麦、大麦、蚕豆、玉米、薯类、高粱、绿豆、芝麻、花生、油菜、黄红麻、苎麻、甘蔗等。

野生动物：（1）禽类。洪湖市现有飞禽168种，其中可见但不常见的有87种，常见但不算多的有64种，为数最多的有獐鸡（骨顶鸡）、针尾鸭、旱鸭、鸡鸭、八鸭、白眉鸭、水雉、扇尾沙锥、土燕子、灰喜鹊等17种。（2）兽类。现存14种：草狐、貉、狸猫、刺猬、獐、小鹿、野兔、狗獾、老鼠、蝙蝠、水獭等，其中老鼠最多，危害较大；蝙蝠遍及该市；水獭50年代较多，现已罕见。（3）底栖动物。有蚊、螅、青蛙、蟾蜍、龟、鳖、蛇、蜥蜴、壁虎、蚌、蚯蚓等22种。（4）昆虫类。共有浮游动物169种。常见的昆虫有蚕、蜂、蝉、蝇、蚁、萤火虫、蝴蝶、蜻蜓、灶马、天牛、金龟子、蟑螂等。（5）珍稀动物。白鳍豚、江豚。

野生植物：（1）树木。共有42科193种。主要树种有池杉、水杉、落雨杉、榆树、旱柳、枫杨、泡桐、苦楝、刺槐、意杨、喜树等。（2）竹类。以桂竹、毛竹为主，另有少量楠竹。（3）水生类。有水生高等植物30科68种。其中莲藕、菱角、茭白、茨菰等年产量居湖北省首位。（4）药用植物。野生中药材主要有两面针、鱼腥草、芦根、车前草、毛蜡烛、水蜈蚣、羊蹄、土牛膝等20余种。

水产品种及资源：洪湖鱼类资源丰富，是湖北省主要产鱼区，产量居全国县、市第二位。20世纪50年代以前有鱼类182种，60年代有鱼类114种，70年代有鱼类89种，现有鱼类59种，隶属7目、18科，其中鲤科鱼类占58.5%。洪湖湿地有国家二级保护鱼类胭脂鱼、鳗鲡（历史记录）；省级重点保护鱼类有大湖短吻银鱼、鳡。在众多的鱼类资源中，凶猛和肉食性鱼类占57.4%，如乌鳢、鳜、黄颡鱼、黄鳝、青鱼；杂食性鱼类，占22.2%，如鲫、鳊、泥鳅、胭脂鱼；以水草为食的仅占7.4%，如草鱼、鳊鱼；以藻类和腐屑为食的有鲦鲅鱼和鲴类共7种，占13%；而食浮游生物的仅鲢、鳙2种。

三、社会经济

1.历史沿革

夏商时代，为古云梦地。西周时期周武王（姬发），封其为州国，都城在今黄蓬山；楚武王四十年（公元前701年），州国和江汉间其他小国都被楚国吞并；秦昭襄王二十九年（公元前278年）后，古州国地属南郡。西汉初年（公元前206年），更南郡为临江国；汉高祖五年（公元前202年），刘邦战胜项羽，建立汉朝，恢复南郡，设置州陵县，县治在黄蓬山。新莽代汉（9年），南郡改称南顺郡，州陵改为江夏，县治在今新滩口。东汉建武元年（25年），恢复西汉郡县原名；建安十三年（208年），州陵辖属东吴江夏郡。西晋永兴二年（305年），因蜀乱割南郡的华容、州陵、监利三县，别立丰都合四县侨置成都郡，隶属成都王颖国。南朝时，州陵县先后属巴陵郡、州城郡；北朝西魏文帝大统十七年（551年），裁撤州陵、惠怀二县，改置建兴县，隶属沔阳郡，县治迁到今仙桃市沔阳老城。隋唐五代至宋元明清，今洪湖市境域疆属屡更，郡县变动频繁，大多与沔阳有分有合，或升或降，其间曾名玉沙县、附廓县、文泉县等。民国元年（1912年），废州置县，沔阳县属湖北省江汉道。民国十五年（1926年），废除道，在新堤设市，直隶属湖北省政府。未久，撤市并入沔阳县。1949年，中华人民共和国成立后，于新堤设置沔阳地区专员公署，新堤为专署直辖市。1951年5月，沔阳专区并入荆州地区专员公署；同年6月，中华人民共和国政务院决定，将沔阳县东荆河以南区域以及监利县东部、嘉鱼县长江北部、汉阳县西南部的毗邻区域划出，建立洪湖县，属湖北省荆州地区专员公署管辖。

1987年7月31日，经中华人民共和国国务院批准，撤销洪湖县，设立洪湖市，行政区域、隶属关系不变。洪湖市现属湖北省荆州市管辖。

2. 区域人口

2016年，洪湖市有户籍人口93.19万人，其中户籍非农业人口29.51万人，农业人口63.68万人。全年出生人口12862人，出生率13.8‰；死亡人口5232人，死亡率5.6‰；人口自然增长率8.2‰。年末常住人口84.79万人，其中城镇人口38.44万人，城镇化率45.33%。洪湖市有13个少数民族，分别是回族、蒙古族、土家族、壮族、彝族、侗族、黎族、满族、羌族、仫佬族、朝鲜族、瑶族，总人口6500余人，占全市总人口的0.69%。少数民族人口较多的是回族，有5600余人，主要分布在老湾回族乡（3800人）和城区（约1500人），零星分布在大同、大沙、龙口、乌林等乡镇。

3. 地区经济

2016年，洪湖市实现地区生产总值213.10亿元，比2015年增长6.9%。其中第一产业实现增加值64.64亿元，比2015年增长3.9%；第二产业增加值70.95亿元，比2015年增长5.9%；第三产业增加值77.51亿元，比2015年增长10.3%。第一、二、三产业比例30.3：33.3：36.4，人均地区生产总值25136元。

农业。2016年洪湖市实现农业总产值127.12亿元，按可比价计算，比2015年增长4.1%，其中农业产值33.77亿元，林业产值1.13亿元，牧业产值13.87亿元，渔业产值72.49亿元，农林牧渔服务业产值5.96亿元。粮食播种面积142.28万亩，全年粮食总产65.95万吨。棉花总产量4102吨，油料总产量8.28万吨。全年生猪出栏43.21万头，家禽出笼422.38万只，水产品产量48.52万吨。

工业。2016年洪湖市121家规模以上工业企业完成总产值260.38亿元，比2015年增长7.5%，规模工业增加值增长6.0%，其中45家农产品加工企业完成工业总产值201.20亿元，比2015年增长13.4%，18家高新技术企业实现工业增加值36.49亿元，占GDP比重17.12%。规模以上工业企业实现主营业务收入223.09亿元，比2015年增长1.7%；实现利税13.41亿元，比2015年增长0.2%。全部工业企业入库税金2.22亿元，比2015年下降1.3%，其中规模以上工业企业入库税金1.59亿元，比2015年增长18.0%。资质以上建筑企业完成建筑业总产值23.39亿元，比2015年增长0.1%，实现增加值11.71亿元，比2015年增长6.8%。

服务业。2016 年，洪湖市实现社会消费品零售总额 120.1 亿元，比 2015 年增长 11.7%，其中限额以上单位零售额 30.42 亿元。交通运输和邮电业实现增加值 12.97 亿元，比 2015 年增长 5.6%。邮电业务总收入 4.35 亿元。年末全市移动电话达 47.21 万部，固定电话达 5.85 万部，互联网用户达 10.25 万户。旅游人数 478 万人次，比 2015 年增长 25.2%。旅游业总收入 28 亿元，比 2015 年增长 27.6%。金融机构（含邮储）各项存款余额和贷款余额分别为 229.82 亿元和 108.53 亿元，分别比年初增加 23.59 亿元和 1.94 亿元，其中城乡居民储蓄存款 171.81 亿元，比年初增加 20.99 亿元。

社会事业。教育方面，2016 年洪湖市学校共有 94 所，其中小学、普通中学和职业中学分别 50 所、41 所和 3 所，在校学生 7.27 万人，其中小学、普通中学和职业中学分别为 4.21 万人、2.84 万人和 0.21 万人。幼儿园 65 所，在园幼儿 2.50 万人。科技方面，2016 年洪湖市有省级农业科技示范基地 1 个，省级工程技术研究中心 1 家，新增 4 家高新技术企业，成功申报国家级、省级科技计划项目 6 个，专利申请量 213 件、授权量 157 件。医疗卫生方面，2016 年洪湖市有医院、卫生院 30 家，医院、卫生院技术人员 2898 人，比 2015 年增加 141 人，各类病床 2640 张，比 2015 年增加 183 张。社会保障方面，2016 年洪湖市城镇养老保险参保人数 15.05 万人，城镇医疗保险参保人数 19.77 万人，3.24 万人参加失业保险，参加工伤保险和生育保险人数分别为 3.84 万人和 1.39 万人，新型农村合作医疗参保人数 64.83 万人，新型农村社会养老保险参保人数 31.22 万人。城镇居民享受最低生活保障人数 1.15 万人，农村居民享受最低生活保障人数 3.93 万人。

四、农业名优特产

1. 洪湖莲子

洪湖莲子，湖北省洪湖市特产，中国国家地理标志保护产品。洪湖莲子产于生态环境优良的洪湖湖区，产品颗大粒圆、皮薄肉厚，兼有清香甜润、微甘而鲜的风味。具有广泛的食用和药用价值。洪湖莲子含有丰富的蛋白质、淀粉、磷脂、生物碱、类黄酮以及多种维生素等营养保健成分，可以制成多种饮料、食品。在医疗上莲子有止血、散淤、健脾、安神等功效，是一种滋补佳品。其莲心制成茶，有减肥功效。《本草纲目》称洪湖莲子是一种难得的纯中药野生植物。洪湖自形成以来，就自然生长着大量野生莲藕。文献可考的人工种植历史也有 2000 多年。洪湖出产的莲子中，有相当数量来自野生莲藕。这些莲子每年秋天销往中国各地，被制成各种佳肴。据悉，广式月饼中最好的莲蓉，公认是由洪湖莲子为原料制作而成的。根据《地理标志产品保护规定》，国家质量监督检验检疫总局组织专家对洪湖莲子、蕹山叠翠、碣滩茶、湘绣（沙坪产区）、马水橘地理标志产品保护申请进行审查。经审查合格，自 2011 年 3 月 28 日起批准洪湖莲子、蕹山叠翠、碣滩茶、湘绣（沙坪产区）、马水橘为地理标志保护产品，由各地质检机构实施保护（总局 2011 年第 38 号公告）。洪湖莲子产地范围为湖北省洪湖市瞿家湾镇、沙口镇、戴家场镇、万全镇、峰口镇、汊河镇、黄家口镇、小港管理区、大同湖管理区、滨湖办事处、新堤办事处、螺山镇 12 个镇、办事处、管理区所辖行政区域。

2. 洪湖大闸蟹

洪湖大闸蟹，洪湖市洪湖湖区特产，注册了"清水牌"商标，故也称"洪湖清水蟹""洪湖清水大闸蟹""洪湖清水河蟹"。产品主要养殖区域位于洪湖大湖区，产品色泽艳丽、膏满肥黄、不含任何激素，为河蟹中的上品。产于洪湖，湖区水资源丰富，水质优良无污染。底泥为黄壤土，经多年沉积，富含有机质。河蟹属大湖养殖，植被丰富，动植物饵料充裕，辅以少量人工科学喂养，无须使用鱼药，养殖出的河蟹色泽艳丽、膏满肥黄、不含任何激素，称之为河蟹中的上品。具有青背、白肚、黄毛、金爪和肉质细腻、味道鲜美等优良性状，其风味独特之处在于腥、鲜、甘、嫩、肥、爽。销往北京、武汉、上海等 100 多个大中城市及港澳台地区，深受消费者喜爱。根据《地理标志产品保护规定》，经中国国家质检总局审核通过，决定从 2008 年 12 月 31 日起，对洪湖大闸蟹地理标志产品实施地理标志产品保护（2008 年第 147 号）。洪湖大闸蟹地理标志产品保护范围为湖北省洪湖市所辖的大湖水域，总面积 4 万亩。

3. 洪湖野鸭

洪湖野鸭，洪湖地区的传统名肴，三国时期，曹操南征，为鼓舞士气，亦有先至乌林者，尝食红绕野鸭传说。1932 年，新堤名师马家年在汉口沔阳饭店悬牌"红绕野鸭大王"。一日，汉剧名流余洪元进店品尝，倍觉味美，再点一碟。马家年说："您的《兴汉图》为何一周仅上演一次？""名家相惜"之说从此而生。新中国成立后，国营洪湖餐馆名师荟萃，使红绕野鸭更臻完善：色泽红亮，骨酥肉柔，甜而不腻。这道菜备受远近游客、国外来宾赞誉。1978 年收入《中国菜谱》《中国名食指南》之内，并言明是一道难得的野味。"红绕野鸭"这道名肴人人喜爱。为了使它的盛名不衰，当今名师又从刀工上改进技法，将去毛的整鸭分部位剁成三十六块，做到块块肉中带骨，骨上挂肉，形状大小一致。剁好后，下锅炸、上色，至八成熟时捞出，去骨渣和铳子。锅置大火上，放入高汤、生姜和炸好的鸭块，焖约一小时，再将白糖下锅，使之甜味入骨，起锅装盘时拼成野鸭在湖中水面休息的形态。这样制作的红绕野鸭，人们品食不仅感到食而不烂，烂而不泥，脆而甜，甜到骨中，而且野味浓郁。

4. 洪湖再生稻米

洪湖再生稻米，洪湖特产，划定的地域保护范围：洪湖市所辖沙口、汉河、新滩、峰口、螺山、乌林、老湾、龙口、燕窝、黄家口、万全、曹市、戴家场、瞿家湾等14个乡镇。是洪湖农产品地理标志产品。

5. 洪湖界牌黄豆

洪湖界牌黄豆，呈椭圆形、皮薄色黄、种皮光滑、黑褐色种脐明显；高蛋白、低脂肪、富含钙、铁、锌等矿物元素；所制豆浆浆色纯白、口感醇厚、浆香浓郁、质地鲜嫩。产地在湖北洪湖市螺山镇所辖界牌村、龙潭村、花园村、中原村、螺山村、袁家湾、重阳树、朱家峰、伍家窑、颜咀村、双龙村、复粮洲、丁山庙、铁牛村、熊家窑、黄堤宫共16个村。洪湖界牌黄豆为农产品地理标志产品。

6. 洪湖藕带

洪湖藕带，产于湖北省洪湖市瞿家湾镇、沙口镇、戴家场镇、万全镇、汉河镇、黄家口镇、螺山镇、滨湖办事处、新堤办事处、小港管理区、大同湖管理区、大沙湖管理区等区域。洪湖藕带为地理标志保护产品。

7. 洪湖莲藕

洪湖生产的莲藕是一种水生作物，俗名莲菜、莲根、藕藕瓜等，属草本科植物，系湖北洪湖的主要土特产之一。种植历史悠久，名扬荆楚大地。生长在浅水中，花呈淡红色或白色，又名莲花、荷花，古称万花中的"四君子"之一。地下茎叫藕，是美味食品，具有香、脆、清、利等可口特点，采用炒、烧、炸等方法，可制成多种美味菜肴，还可制成精细洁白、口味纯正的藕粉、蜜饯，是滋补珍品。种子叫莲子，是贵重食料、宴席名菜，更可贵的是有补脾涩肠、养心益肾之功效，治脾虚泻痢，夜寐多梦等症。莲子中央绿色的芯称"莲子芯"，含莲心碱、异莲心碱等，功能可清热泻火。荷花的雄蕊称"莲须"，含有多种生物三及黄酮类成分，功能可固肾涩精。莲藕通身都是宝，都可入中药，有清肺、利气、止血、下奶等功效。口味纯正，香脆可口，利于存放，是一种很好的水生蔬菜。划定的地域保护范围：洪湖市所辖新堤办事处、滨湖办事处、螺山镇、乌林镇、龙口镇、燕窝镇、新滩镇、峰口镇、曹市镇、府场镇、戴家场镇、瞿家湾镇、沙口镇、万全镇、汊河镇、黄家口镇、老湾回族乡、大同湖管理区、大沙湖管理区、小港管理区共20个乡镇区办。洪湖莲藕为农产品地理标志产品。

8. 洪湖咸鸭蛋

洪湖咸鸭蛋，以洪湖新鲜鸭蛋为主要原料经过腌制而成的再制蛋，营养丰富，富含脂肪、蛋白质及人体所需的各种氨基酸、钙、磷、铁、各种微量元素、维生素等，易被人体吸收，咸味适中，老少皆宜。蛋壳呈青色，外观圆润光滑，又叫"青蛋"。咸鸭蛋是一种风味特殊、食用方便的再制蛋，咸鸭蛋是佐餐佳品，色、香、味均十分诱人。洪湖水乡野鸭红心咸蛋、皮蛋系利用大湖放养鸭所产鲜蛋，采用了先进的生产工艺。该产品的特点是蛋心为红色、营养更富。它富含脂肪、蛋白质以及人体所需的各种氨基酸。还含有钙、磷、铁等多种矿物质和人体必需的各种微量元素及维生素，而且更容易被人体所吸收，咸度适中、老少皆宜。

9. 洪湖甲鱼

洪湖甲鱼，洪湖著名的特产之一，历年为国家大宗出口产品，名贵紧俏，久负盛名。甲鱼，学名鳖，又称团鱼，爬行纲，鳖科。甲鱼通常为橄榄色，一般长24厘米，宽16厘米，栖于河湖、池沼中。洪湖为富水之域，域内湖泊星罗棋布，水草丰茂，鱼、虾、螺密集，是甲鱼生繁殖的天然场所。所产甲鱼体硕肉肥，虽可常年捕获，但仍在国外市场上供应不求。洪湖甲鱼具有很高的食用价值和药用价值。甲鱼肉营养价值极高，是宴席上的佳肴美味。甲壳含有动物胶、碘质、维生素D等成分，以醋炙酥，或熬胶，药性尤佳，对医治阴虚、劳热、骨蒸、症瘕积聚等症，疗效显著，亦可用业医治结核、疟疾、脾脏肿大等病症。

10. 洪湖草席

洪湖草席，分湖草地席和小港草席两种。洪湖草地席早在百年以前，洪湖民间就开用漂草编织各种席了。漂草遍生于湖岸，在明净的湖中呈墨绿色。每逢晴朗之日，人们撑着一叶舟，执一柄弯镰，迎着旭日而出，傍晚，满载湖草，迎着夕阳而归。将采来湖草置烈日下暴晒，变成苍黄色，柔软、光滑、拉力强、淡淡香。人们使出精巧的手艺，将这种"俗物"编织成各种生活用品。地席是草席中的"大哥哥"，面积最大10平方米。国外许多家庭都把它当作地毯使用，其价格只有相同面积地毯的十分之一，经济实惠而又美观。也有一些上等家庭为了追求"自然美"，而以草席当作地毯使用。这种草地席舒坦而富有弹性，有多种花色图案，如"丹凤朝阳""锦鸡牡丹"等，无不洋溢着勃勃生机，虽未着色丹青，但平实中显典雅，古朴中见大方。小港草席以生产各式优质草席著称。内销素色睡席，各式旅行席、绣花席、布边白席、布边印花席，其中麻经席畅销50多个国家和地区。小港草席因草质柔软、色彩鲜绿、品味芳香的优质品质，1983年被湖北省科委鉴定命名，它粗细均匀、软硬适度、坚韧有弹性，是编织"榻榻米"的上等材料，深受日本客户欢迎。日本朋友把这种面席誉为"优质榻榻米"，的确，人们用它垫床、铺地或装饰墙面，都感觉出协调、舒适、美观。

11. 洪湖淡水贝雕

洪湖淡水贝雕，取材于本地资源——洪湖淡水珍珠蚌，现已用于生产的有三角帆蚌、小戎芦蚌、丽蚌等十多种，它具有晶莹，明净、朴素、质地光滑细腻、纹理变化万千的自然美。与海贝相比，海贝弧度大，天然色彩较多，淡水贝大而平，质白如玉。洪湖淡水贝雕的艺术家们，充分发挥淡水贝的特点，使这个不为人注意的"小玩意"进入了艺术的殿堂。1973年，由洪湖市贝雕厂设计的《白孔雀》在广交会上被我国常驻联合代表选中，作为礼品带到联合国。《白孔雀》飞进联合国后，又创作了许多优质的作品，其中有代表性的《丹江之春》——大型贝雕画，以蓝色的江水和天空为背景，以淡水贝的自然色泽和纹理为坝体，构成了丹江水电站的雄伟壮观图，该作品被送往人民大会堂，悬挂在湖北厅。

12. 洪湖羽毛扇

洪湖羽毛扇，选用各种鸟禽之翅、尾毛，按羽毛的自然生长规律、色泽纹理来制成扇面。然后配竹漆、牛骨、塑胎、象牙等材料作为扇骨。扇尾还吊一根丝线结坠作为装饰。羽毛扇，民间又称孔明扇，这是因为三国（220—265年）时的孔明也常用这种羽毛扇。孔明扇以名贵飞禽天鹅羽为原料，配以牛角柄制成，既具有民族风格，又富有纪念意义。

五、农业发展态势

1. 农业综合生产能力稳步提高

农产品稳定增产，2015年洪湖市粮食总产量73.4万吨，增长2.9%，位居湖北省前十强。实现农产品加工总产值175.7亿元,其中中兴能源产值过百亿元。水产品总量达47.615万吨,增长4.6%,完成渔业总产值63.3亿元。

2. 农业产业结构日趋优化

依托资源优势,大力推进农业产业结构调整,积极推动农业生产方式转变,形成优质水稻、双低油菜、水生蔬菜、设施蔬菜、水产水禽五大优势产业,农产品加工业、休闲农业崭露头角。

优质水稻。通过实施早稻集中育秧项目,恢复发展早晚连作面积,扩大再生稻种植,稳步发展中稻生产,大力推广和普及实用增产技术,提升了水稻综合生产能力。

双低油菜。通过油菜统一供种,开发冬闲田,扩大油菜种植面积,全面推广优质高产品种、普及实用技术和开展高产创建活动等措施,提高了油菜产量和品种优质率。全市油菜收获面积48万亩,总产9.01万吨,增长4.7%。

水生蔬菜。长期受渍的低产低湖水田改种水生蔬菜或"藕—稻"连作模式,低效老鱼池改种水生蔬菜或"鱼—莲""鱼—禽—莲"共生模式,洪湖生态区补植补种野莲、野菱、野茭白、野芡实等水生蔬菜,大力推进水生蔬菜基地建设。全市水生蔬菜栽培面积将近10万亩。

设施蔬菜。通过钢架大棚的大力推广,积极扩大果类、菜用瓜、豆类、叶菜等反季节蔬菜的生产规模,建设蔬菜标准园,推进蔬菜集约化育苗、规模化生产。加快推广蔬菜实用技术,引进、示范、推广一批高产优质新品种、节本增收新技术、高效安全新模式。加强抗灾、减灾、避灾技术推广,建立健全防灾减灾体系和长效机制。

水产水禽。积极推进水产养殖规模化、标准化、专业化,重点发展水禽业,大力推广青年鸭培育、鸭稻共育、鸭鱼混养等规模养殖模式。水禽业在奥信、云天和得记等龙头企业的带动下,通过采取"公司+基地+农户"的生产模式,水禽养殖数量快速增加,全市家禽出笼532.51万只,增长5.5%。以精养鱼池改造升级、名特优水产品发展和渔业精深加工为重点,推行健康生态养殖,积极发展休闲渔业。全市水产养殖面积86.7万亩,同比增长0.02%;总产45.5万吨,同比增长0.06%;产值60亿元,同比增长0.1%。

3. 主体培育取得明显成效

洪湖市拥有农业产业化重点龙头企业107家,其中国家级2家、省级19家、荆州市级 36 家。全市建成 10 个粮棉油万亩高产创建示范区，创建省级农业科技示范基地 2 个，培育国家级示范合作社 4 家、省级示范合作社 16 家。农业产业化重点龙头企业达 107 家。品牌培育不断推进，经认证的"三品一标"标志 113 个，其中无公害食品 82 个、绿色食品 24 个、有机食品 3 个、农产品地理标志 4 个，拥有"洪湖清水"大闸蟹、洪湖浪、洪湖渔家、洪湖水乡 4 个中国驰名商标，标志数和商标数均居全省前列。

4. 农业生产基础条件日趋提升

2014 年洪湖市投入 1.5 亿元，开展土地整理 8 万亩，新增耕地面积 1500 亩，完成农村土地承包经营权、农村集体建设用地和宅基地使用权确权登记颁证试点工作，流转农村土地 34.3 万亩。投入 6000 多万元，改造 35 千伏变电站 2 座，新增和改造台区 224 个；投入 1.17 亿元，改造县乡公路 32 千米，新建村级公路 123 千米，改造危桥 36 座；投入 2.06 亿元，实施了农田水利设施改造、水土流失治理、河道疏挖护砌等项目。投入 1.06 亿元，新建戴家场、万全两个中心水厂，改扩建螺山中心水厂，延伸黄家口中心水厂管网，彻底解决 23.5 万人饮水安全问题。新增峰口、府场、新滩 3 个国家级重点镇，新增龙口高陆村、新滩上湾村 2 个省级宜居村庄。《洪湖市生态功能红线划定方案》得到充实和完善，洪湖湿地成功晋升为国家级自然保护区。

5. 农业安全保障初见成效

"十二五"期间，洪湖市全面强化农产品质量安全监管，在法律法规、执法监督、标准化生产、体系队伍建设等方面取得了重要进展，根据 2011—2014 年省农业厅和荆州市农业局对洪湖市蔬菜农药残留例行监测和我市开展的农产品例行监测结果，我市蔬菜平均综合合格率在 98% 以上，畜产品中"瘦肉精"以及磺胺类药物等兽药残留抽检合格率达 100%，居荆州市前列。农产品质量安全保障能力不断增强，质量安全水平稳步提升。

6. 物质装备能力大幅提高

洪湖市农机总动力达 110 万千瓦，农机装备覆盖了农、林、牧、渔业，涉及产前、产中、产后等各个环节，主要农作物耕种收机械化综合作业水平达 76%。农田耕整、排灌、植保、收割、运输、脱粒、农副产品初加工等农机作业项目基本实现机械化或半机械化。水稻、油菜、小麦、玉米等种作物耕种收综合机械化水平均大幅度提高。水稻育插秧、油菜播收等薄弱环节机械化水平进一步提升，水稻机插秧居全省前列，油菜生产机械化处于全省领先水平。

7.农业发展制约因素分析

企业规模化程度不高，龙头企业带动效应不显著。规模化方面，洪湖市107家重点龙头企业中农副产品加工产值超10亿元的仅两家（中兴能源、德炎水产），超1亿元的17家，两者仅占重点龙头企业总数的16.8%，省级农业产业化龙头企业年产值仍较低。龙头企业优势发挥方面，重点龙头企业与周边农业生产基地和农户合作性、紧密性和协调性程度较低，并未充分发挥引导和示范作用，带动周边农业生产基地和农户发展，不利于本地企业联动发展。

农产品加工产业分散，产业链不完善。一是洪湖市农产品加工产业分散，与生产链接不紧密，存在农产品加工企业规模小、分布散、产业结构单一化等问题。二是农业产业化发展步伐慢，产业链效应推广力度不足，资金紧缺、劳动力不足的瓶颈严重制约着产业链的发展延伸，农副加工产品附加值和市场占有率程度不高。

畜牧业产业化程度不高，畜禽养殖污染严重。畜牧生产与畜产品加工、流通脱节，畜产品仍以原料形式外销，利润流失严重；生产方式落后，除生猪、蛋鸡、湖羊规模化生产外，洪湖市其他畜禽养殖的生产仍以小规模分散饲养为主，生产设施简陋，管理方式粗放，标准化程度低，经济效益不高，对资源、生态和环境构成沉重压力；水源地或河流附近有许多小规模养殖场，养殖废水未经处理或经过简单的露天化粪池处理后，不能达到排放标准就直接排入纳污水体，对周边水质威胁较大。

渔业基础设施脆弱。大部分鱼池尚未达到精养池塘标准，处于设施简陋、水体浅淤泥深、进排水设施损坏的状态，生产功能和抗灾能力下降。水产品质量安全监管体系不健全，尤其是乡镇基层水产品质量安全监管能力较为薄弱，滥用渔用药物、水质恶化、病害增多等现象时有发生，水产品质量难以保证。科技引领作用不够，洪湖市渔业发展总体上还没有摆脱依靠生产规模扩张和大量消耗自然资源为主的粗放经营方式。加工增值率低，品牌建设相对滞后，水产品加工仍是洪湖市水产业发展的瓶颈，近年来虽然有企业投资水产品加工业，但企业规模还不尽如人意，水产品加工行业集中度较低，主要表现在以下几个方面：一是水产品加工总量不高，精深加工能力不强。洪湖市水产品加工量比重低，低于总产量的10%，精深加工类产品所占比例更少。二是技术含量不高，市场占有率低，产品附加值低。水产品加工业仍依靠劳动力低廉的优势获取微薄利润，产品附加值低且行业内部竞争激烈。除小龙虾加工已形成一定规模外，高附加值的养殖鱼类加工出口尚未形成规模和品牌优势，造成市场占有率偏低。三是水产品加工行业组织化程度不高，行业内部管理协调机制不健全。

六、城市建设状况

初步形成由中心城区、市域副中心、特色镇、一般镇四级城镇构成的洪湖现状城镇体系。近年来，洪湖市实行城乡统筹、加快城乡一体化的发展战略，加快了新型城镇化进程，形成了以洪湖市新堤街道、滨湖街道、金湾、石码头为中心，曹市、府场、峰口、新滩为市域副中心，瞿家湾、乌林、燕窝、螺山为4个特色镇，其余10个一般乡镇为总体格局的城镇结构体系。

城镇人口大致呈逐年递增的发展趋势。洪湖市城镇人口由2006年的30.24万人递增到2015年的36.28万人，城镇化率整体呈现上升趋势。截至2015年末，洪湖市常住人口城镇化率达到40.58%，低于荆州市（51.2%）和湖北省（56.6%）的城镇化水平。

逐步形成了"一心三片、两带多点"的城乡空间发展总体结构。以洪湖市中心城区为核心，沿仙洪公路和汉洪高速发展形成"一心三片、两带多点"的市域城乡空间格局。一心：即洪湖市中心城区。三片：根据东部湖泊密布、西北部工业集中、西部生态旅游资源优越的资源分布特点，形成西部生态旅游和生态宜居区、西北现代制造业区、东部制造业和现代农业区。两带：沿仙洪高速，串联沿线乡镇形成的南北向城镇与工业产业发展带；沿武监高速和内荆河沿线，串联沿线城镇形成的东西向城镇与特色旅游及特色农业发展带。多点：十八个市域综合功能节点，即两个市域副中心、四个特色镇、十个一般镇。

以人水和谐城市建设为重点，扎实推进"绿满洪湖"行动。2015年林地面积较2010年增加8.52万亩，活立木蓄积量由2010年190万立方米增加到2015年230万立方米，森林覆盖率由2010年10.97%增加至2015年12.84%。深入推进农田防护林、长江防护林、荒地造林、林业血防等林地工程建设，自然生态建设取得明显进展。

强化污染源防治，逐步发展生态人居。一是结构性污染逐步解决。"十二五"

期间，全市加大结构调整力度，共淘汰关闭黏土砖瓦企业 15 家，关闭小型造纸企业 3 家，关闭小型塑料加工企业 4 家，关闭不达标的畜禽企业 3 家。二是工业污染源治理成效显著。自 2010 年以来，洪湖市环保局以环评验收为抓手，重点督办工业企业配套污染防治设施。"十二五"期间，共有 32 家企业完成了 48 套污染治理设备的建设，有效提高了全市工业污染治理强度和污染治理水平。三是逐步建立排污许可证制度。自 2010 年以来，全市对纳入统计范围内的工业企业发放了排污许可证，明确了各企业允许排放污染物的种类和年排放量，并加大了日常监察和监测力度，污染物排放总量得到有效控制。四是加快推进淘汰落后产能。"十二五"期间，全市加强了城区燃煤锅炉建设的管理力度。洪湖宾馆、人民医院、中医院、洪湖一中等大量的燃煤锅炉全部淘汰关闭，全部实施清洁能源替代工程。"十二五"期间，共淘汰燃煤锅炉 29 台吨位为 72.5 吨。五是城市面源污染得到有效控制。"十二五"期间，全市扎实开展城镇环境空气、噪声综合治理，开展油烟综合整治，重点实施城区"亮化""绿化""硬化"工程，开展"绿色社区""绿色学校"创建活动和自 2013 年以来实施的秸秆禁烧行动。目前，洪湖市农村秸秆焚烧的情况已经得到了有效控制。

农村环境保护工作不断强化，加快美丽乡村创建步伐。"十二五"期间，全市共建设垃圾池 9686 个、垃圾桶 4612 个、垃圾分类桶 200 个、垃圾箱 219 个、垃圾中转站 66 座、贮存点 49 座、垃圾车 144 辆，建设村庄集中污水处理站 34 座，单户生化池 1556 处，污水收集管网 12.21 万米，人工浮岛 3000 平方米。污水处理系统和垃圾收集系统的建立有效改善了乡村村容村貌，对保障农村饮水安全、恢复水体生态功能、改善农村环境质量具有十分重要的意义。

积极开展生态村镇创建工作，全面启动生态文明建设示范市创建工作。截至 2015 年，洪湖市 21 个乡镇、办事处、管理区中，被授予市级以上生态乡镇、村称号的有 11 个乡镇、72 个村。

七、环境质量现状

1. 水环境质量

洪湖市地表水环境质量逐年恶化，城市集中式饮用水水源地环境质量优良。洪湖市水环境质量监测网络主要对境内的四湖流域、内荆河、洪湖水质及集中式饮用水水源地水质进行了定期监测。

河流水质。河流的监测断面在四湖总干渠、东荆河共布设 3 个例行监测断面，分别是新滩断面、瞿家湾断面和汉洪大桥断面，其中汉洪大桥断面为 2014 年新增断面。洪湖市主要河流的 3 个监测断面均执行Ⅲ类标准，实行单月监测，监测项目为溶解氧、化学需氧量、高锰酸盐指数、氨氮、总磷、总氮等 24 项指标。根据《2013—2015 年荆州市环境质量公报》，2013—2014 年，四湖总干渠两个监测断面水质类别均为Ⅲ类，水质达标率 100%；2014 年，东荆河汉洪大桥断面全年水质达标。2015 年，四湖总干渠监测断面符合Ⅲ类标准的月份占全年监测月份的 33.3%；2015 年，汉洪大桥断面水质达到Ⅲ类标准的月份比率为 50%。（见表 2-3）

表 2-3　洪湖市 2013—2015 年主要河流水质状况

序号	河流名称	监测断面	规划类别	水质类别			2015 年主要污染指标
				2013 年	2014 年	2015 年	
1	四湖总干渠	新滩	Ⅲ类	Ⅲ类	Ⅲ类	Ⅳ类	化学需氧量
2		瞿家湾	Ⅲ类	Ⅲ类	Ⅲ类	Ⅳ类	化学需氧量
3	东荆河	汉洪大桥	Ⅲ类	—	Ⅲ类	Ⅳ类	化学需氧量

新滩断面与瞿家湾断面超标月份分别是 1 月、3 月、9 月和 11 月，汉洪大桥断面超标月份为 3 月、9 月和 11 月，超标水质类别均为Ⅳ类，主要超标项目为化学需氧量。

湖泊水质。洪湖市主要湖泊——洪湖大湖共设 9 个监测断面，分别是湖心、蓝田、排水闸、小港、湖心 B、下新河、杨柴湖、桐梓湖和小港 R3 这 9 个断面。洪湖大湖的 9 个监测断面均执行Ⅱ类标准，每月定期监测一次，监测项目为溶解氧、化学需氧量、高锰酸盐指数、氨氮、总磷、总氮等 24 项指标。根据《2013—2015 年荆州市环境质量公告》，2013—2015 年洪湖 9 个监测断面中，符合Ⅱ类标准的断面占监测断面的比例分别为 44.4%、44.4% 和 0%。与 2013、2014 年相比，2015 年洪湖水质有所下降，主要超标项目为总磷、化学需氧量和高锰酸盐指数。（见表 2-4）

表2-4 2013—2015年洪湖大湖水质状况

序号	湖泊名称	监测断面	规划类别	水质类别			2015年主要污染指标	营养状态级别
				2013年	2014年	2015年		
1	洪湖大湖	湖心	Ⅱ类	Ⅱ类	Ⅱ类	Ⅲ类	化学需氧量、总磷	中营养
2		蓝田	Ⅱ类	Ⅲ类	Ⅲ类	Ⅳ类	化学需氧量、总磷、高锰酸盐指数	中营养
3		排水闸	Ⅱ类	Ⅱ类	Ⅱ类	Ⅲ类	化学需氧量、总磷	中营养
4		小港	Ⅱ类	Ⅱ类	Ⅲ类	Ⅲ类	化学需氧量、总磷、高锰酸盐指数	中营养
5		湖心B	Ⅱ类	Ⅱ类	Ⅱ类	Ⅲ类	化学需氧量、总磷	中营养
6		下新河	Ⅱ类	Ⅲ类	Ⅲ类	Ⅳ类	化学需氧量、总磷、高锰酸盐指数	中营养
7		杨柴湖	Ⅱ类	Ⅱ类	Ⅲ类	Ⅲ类	化学需氧量、总磷	中营养
8		桐梓湖	Ⅱ类	Ⅲ类	Ⅲ类	Ⅲ类	化学需氧量、总磷、高锰酸盐指数	中营养
9		小港R3	Ⅱ类	Ⅲ类	Ⅲ类	Ⅳ类	化学需氧量、总磷、高锰酸盐指数	中营养

城区集中式饮用水水源地水质。长江烈士陵园水厂是洪湖市城区集中饮用水水源地，地理坐标为东经113°26′59.2″，北纬29°47′31.3″。长江烈士陵园集中式饮用水水源地监测项目为溶解氧、高锰酸盐指数、化学需氧量、生化需氧量、氨氮、总磷、总氮等31项指标，每月定期监测1次。根据近三年洪湖市集中式饮用水源地水质监测数据显示，长江陵园断面水质符合《地表水环境质量标准》（GB3838—2002）Ⅱ类标准，2013—2015年城区集中式饮用水水源地水质达标率均为100%。（见表2-5）

表2-5 洪湖市2013—2015年城区集中式饮用水水源地水质状况

序号	水源地名称	规划类别	水质类别			2015年主要污染指标
			2013年	2014年	2015年	
1	长江陵园水厂	Ⅱ类	Ⅱ类	Ⅱ类	Ⅱ类	无

乡镇集中式饮用水水源地。洪湖市共有20个集中式饮用水水源地，除去为新堤办事处供应水源的长江烈士陵园水厂和老闸水厂外，还有18个乡镇集中式饮用水水源地。2013—2015年，全市18个乡镇集中式饮用水水源地水质达标率分别为81.3%、86.7%和90.1%。（见表2-6）

表2-6 洪湖市乡镇集中式饮用水水源地基本情况一览表

序号	类型	水源地监测点	水源地具体坐标	供水范围	河湖名称
1	河流	螺山镇水厂	E113°19′26.9″ N29°39′58.5″	螺山镇	长江
2		乌林中心水厂	E113°37′5.7″ N29°53′54.3″	乌林镇	长江
3		乌林石码头水厂	E113°31′44.9″ N29°50′13.8″	乌林石码头	长江
4		老湾水厂	E113°40′27.4″ N29°57′43.8″	老湾乡	长江
5		大同湖水厂	E113°42′31.6″ N29°58′26.5″	大同湖	长江
6		龙口镇高街水厂	E113°45′43.3″ N29°58′45.3″	龙口镇	长江
7		大沙湖农场水厂	E113°51′47″ N30°0′5.3″	大沙湖	长江
8		燕窝中心水厂	E114°0′37.8″ N30°4′26.8″	燕窝镇	长江
9		新滩镇中心水厂	E113°51′38.1″ N30°10′57.6″	新滩镇	长江
10		洪湖市梦源水务曹市分公司取水口水源地	E113°12′24″ N30°05′35″	曹市镇	东荆河
11		洪湖市梦源水务府场分公司取水口水源地	E113°09′31″ N30°06′08″	府场镇	东荆河
12		洪湖市梦源水务戴家场分公司取水口水源地	E113°26′02″ N30°15′14″	戴家场镇	东荆河
13		洪湖市梦源水务万全分公司取水口水源地	E113°23′02″ N30°01′54″	万全镇	东荆河
14		洪湖市梦源水务峰口分公司取水口水源地	E113°38′37″ N30°18′79″	峰口镇	东荆河
15		洪湖市梦源水务黄家口分公司取水口水源地	E113°33′10.28″ N30°4′17″	黄家口镇	东荆河
16	湖泊	洪湖市水务集团洪狮水厂取水口水源地	E113°18′29″ N29°55′51″	滨湖办事处	洪湖
17	地下水	洪湖市梦源水务汊河分公司取水口水源地	E113°28′15″ N29°59′45″	汊河镇	洪湖
18		洪湖市水务集团双河中心水厂取水口水源地	E113°29′08″ N29°57′32″	汊河镇	洪湖

2. 大气环境质量优良

洪湖市城区设环境空气自动监测站1座，监测项目为二氧化硫、二氧化氮和可吸入颗粒物。2015年，全市空气中二氧化硫（SO_2）浓度年均值为0.020毫克/立方米，二氧化氮（NO_2）浓度年均值为0.020毫克/立方米，可吸入颗粒物（PM10）浓度年均值为 0.059 毫克 / 立方米。2013—2015 年，洪湖市 SO_2、NO_2 和 PM10 年均浓度满足《环境空气质量标准》（GB3095—2012）二级标准浓度限值。（见表 2-7）

表 2-7　洪湖市 2013—2015 年环境空气质量状况

监测项目	2013 年	2014 年	2015 年	国家二级标准
SO_2（毫克 / 立方米）	0.033	0.028	0.020	0.060
NO_2（毫克 / 立方米）	0.010	0.023	0.020	0.040
PM10（毫克 / 立方米）	0.093	0.064	0.059	0.070
优良天数	350	357	332	—
优良天数百分率（%）	95.9	98.3	99.4	—
污染天数	15	6	2	—
污染天数百分率（%）	4.2	1.7	0.6	—

2013—2015 年洪湖市环境空气质量变化状况见图 2-1。由图 2-1 可看出，近三年二氧化硫和可吸入颗粒物平均浓度逐年下降，比 2012 年同期相比分别下降 20.0% 和 9.2%，二氧化氮浓度呈现先增加后下降的变化趋势，环境空气质量呈现总体改善的趋势。

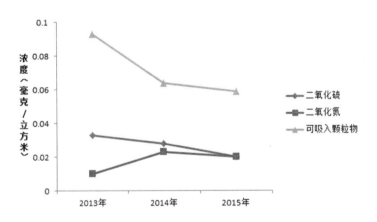

图 2-1　洪湖市 2013—2015 年环境空气质量变化趋势

3. 声环境质量

区域环境噪声。2015 年洪湖市有效区域环境噪声监测网格总数为 106 个，全市区域环境噪声等效声级平均值为 59.0 分贝，比 2014 年上升 6.1 分贝，区域环境噪声环境有所下降。（见表 2-8）

表2-8　洪湖市2013—2015年区域环境噪声质量状况

城市	网格大小	网格总数	等效声级（分贝）		
			2013年	2014年	2015年
洪湖	300*300	106	52.9	52.9	59.0

交通干线噪声。道路交通噪声质量处于良好水平。2015年洪湖城区有效道路交通噪声监测点位总数共32个，监测总路长24.3千米，平均路宽9.5米，平均车流量958辆/小时，全市道路交通噪声等效声级平均值为70.0分贝，比2014年上升4.2分贝，道路交通噪声质量处于"较好"水平。（见表2-9）

表2-9　洪湖市2013—2015年道路交通噪声质量状况

城市	监测点位（个）	总路长（千米）	路宽（米）	平均车流量（辆/小时）	等效声级（分贝）		
					2013年	2014年	2015年
洪湖	32	24.3	9.5	1170	65.9	65.8	70.0

4.固体废物

洪湖市城市生活垃圾填埋场位于螺山镇联合村，距离城区7.5千米，占地面积5公顷，设计处理规模250吨/天，服务范围包括新堤、滨湖、螺山镇及附近乡村。垃圾填埋场采用"改良型厌氧填埋"工艺，采用分层摊铺、往返碾压、分单位逐日覆土法作用。除万全镇垃圾填埋场建有渗滤液收集处理系统外，其他乡镇垃圾填埋场均采用简单填埋，未进行防渗处理。

2015年全市工业固废产生量为3.77万吨，综合利用处置率为91%；医疗废物等危险废物的产生量为67.1吨，危险废物安全处置率达100%。2015年，洪湖市环保局对全市27家危险废物产生单位全部纳入危险废物网上申报系统，危废单位所产生的危险废物都有偿交付有处置资质的单位进行无害化处理。

八、生态环境指数

洪湖市生态环境质量良好。依据《生态环境状况评价技术规范》（HJ192—2015），生态环境状况包括：生物丰度、植被覆盖、水网密度、土地胁迫、污染负荷五个指数和一个环境限制指数，分别反映被评价区域内生物的丰贫，植被覆盖程度，水的丰富程度，土地质量遭受的胁迫程度，承载的环境污染压力；

环境限制是约束性指标，指根据区域出现的严重影响人居生活安全的生态破坏和环境污染事项对生态环境状况进行限制。

1.生物丰度

生物丰度是区域生物多样性与生境质量的综合指标。生物多样性反映区域生态系统稳定性和生物资源持续利用状态；生境质量反映自然保护区主要保护对象的生境质量。

（1）生物多样性指数。生物多样性指数（BI）是野生高等动物丰富度、野生维管束植物丰富度、生态系统类型多样性、物种特有性、物种受威胁程度、外来物种入侵度6个评价指标的加权求和。其中外来物种入侵度、物种受威胁程度为成本型指标。依据《区域生物多样性评价标准》（HJ 623—2011），生物多样性指数的计算方式如下：

$BI = Rv \times 0.2 + Rp \times 0.2 + DE \times 0.2 + ED \times 0.2 + RT \times 0.1 + （100 - EI）\times 0.1$

式中：Rv——归一化后的野生动物丰富度；

Rp——归一化后的野生维管束植物丰富度；

DE——归一化后的生态系统类型多样性；

ED——归一化后的物种特有性；

RT——归一化后的受威胁物种的丰富度；

EI——归一化后的外来物种入侵度。

归一化后的评价指标 = 归一化前的评价指标 × 归一化系数

其中，归一化系数 =100/ 年最大值。A 最大值为被计算指标归一化处理前的最大值，各指标的参考最大值。（见表2-10）

表2-10 生物多样性评价指标的参考最大值

指标	参考最大值
野生维管束植物丰富度	3662
野生动物丰富度	635
生态系统类型多样性	124
物种特有性	0.307
受威胁物种丰富度	0.1572
外来物种入侵度	0.1441

根据生物多样性指数将生物多样性状况分为四级，即高、中、一般和低。（见

表2-11）

表2-11　生物多样性状况分级标准

生物多样性等级	生物多样性指数	生物多样性状况
高	$BI \geq 65$	物种高度丰富，特有属、种繁多，生态系统丰富多样。
中	$40 \leq BI < 65$	物种较丰富，特有属、种较多，生态系统类型较多，局部地区生物多样性高度丰富。
一般	$30 \leq BI < 40$	物种较少，特有属、种不多，局部地区生物多样性较丰富，但生物多样性总体水平一般。
低	$BI < 30$	物种贫乏，生态系统类型单一、脆弱，生物多样性极低。

野生动植物资源具有极高的价值，为区域发展提供生产及生活资料，是维持生态平衡的重要组成部分。根据《区域生物多样性评价标准》（HJ 623—2011）可知，归一化后的野生动物丰富度为26.46，归一化后的野生维管束植物丰富度为12.89，归一化后的生态系统类型多样性为4.03，归一化后的物种特有性为5.56，受归一化后的威胁物种丰富度为11，归一化后的外来物种入侵度为10.84，根据计算洪湖市的生物多样性指数为19.80。

（2）生境质量指数。生境质量指数（HQ）是林地、草地、水域湿地、耕地、建设用地、未利用地占区域总面积的加权求和。生境质量指数的计算方法如下：

$$HQ = Abio \times (0.35 \times 林地面积 + 0.21 \times 草地面积 + 0.28 \times 水域湿地面积 +$$
$$0.11 \times 耕地面积 + 0.04 \times 设用地面积 + 0.01 \times 利用地面积) / 区域面积$$

式中：$Abio$——生境质量指数的归一化系数，取为511.26。

根据2015年洪湖市土地现状数据库相关数据，洪湖市林地、草地及水域湿地等面积如下表2-12。

将下表2-12中相关地类面积代入上述公式计算，洪湖市的生境质量指数为104.75。

表2-12　2015年洪湖市各土地地类面积一览表

序号	类型	面积（平方千米）
1	林地	39.38
2	草地	0
3	水域湿地	1405.84
4	耕地面积	763.33
5	建设用地	231.01
6	未利用地	2.46

（3）生物丰度指数。生物丰度指数是生物多样性指数与生境质量指数的算术平均，反映评价区域内生物的丰贫程度。

$$生物丰度指数 = （BI+HQ）/2$$

式中：BI——生物多样性指数；

HQ——生境质量指数。

依据《生态环境状况评价技术规范》（HJ 192—2015），对生物多样性及生境质量进行综合评价，可知洪湖市的生物丰度指数为 62.27，说明洪湖市物种丰富，生态系统类型多样，局部地区生物多样性高度丰富。

2. 植被覆盖

植被覆盖是根据被评价区域林地、草地、农田、建设用地和未利用地被评价区域面积的比重，反映被评价区域植被覆盖程度。植被覆盖指数的计算如下：

$$植被覆盖指数 = Aveg×（0.38×林地+0.34×草地+0.19×耕地+0.07×$$
$$建设用地+0.02×未利用地）/区域面积$$

式中：$Aveg$——植被覆盖指数的归一化系数，取值为 434.09。

根据表 2-12 中的数据，代入上式计算出来的洪湖市植被覆盖指数为 31.43。

3. 水网密度

水网密度是根据被评价区域内河流总长度、水域面积和水资源量占被评价区域面积的比重，反映被评价区域水的丰富程度。水网密度指数的计算如下：

$$水网密度指数 = （Ariv×河流长度/区域面积+Alak×水域面积/区域面积+$$
$$Ares×水资源量/区域面积）/3$$

式中：$Ariv$——河流长度的归一化系数，取为 84.37；$Alak$——水域面积的归一化系数，取为 592.79；$Ares$——水资源的归一化系数，取为 86.39。

洪湖市水资源丰富，境内河流主要有长江、东荆河、内荆河、洪排河、四湖总干渠等，上式中相关参数见下表 2-13。

表 2-13 相关参数一览表

序号	类型	单位	数值
1	河流累计长度	千米	1732
2	水域面积	平方千米	391.77
3	水资源总量	亿立方米	13.4965

根据《生态环境状况评价技术规范》（HJ 192—2015），将表2-13中数据代入水网密度指数公式，计算得出洪湖市水网密度指数为51.77。洪湖市水资源充沛，可保障市内生活、工业、农业正常用水，还可依托其水资源优势，发展生态渔业、滨湖生态旅游业等产业。

4. 土地胁迫

土地胁迫是评价区域内土地质量遭受胁迫的程度，利用区域内单位面积上水土流失、土地沙化、土地开发等胁迫类型面积表示。土地胁迫指数的计算如下：

$$土地胁迫指数 = Aero \times （0.4 \times 重度侵蚀面积 + 0.2 \times 中度侵蚀面积 + 0.2 \times 建设用地面积 + 0.2 \times 其他土地胁迫）/ 区域面积$$

式中：$Aero$——土地胁迫指数的归一化系数，取为236.04。

参照《土壤侵蚀分类分级标准》和《生态功能分区技术规范》，采用GIS空间分析模型，相关计算参数见下表2-14。

表2-14 相关计算参数一览表

序号	类型	面积（平方千米）
1	重度侵蚀	0
2	中度侵蚀	0.13
3	建设用地	231.01
4	其他土地胁迫	0.02

依据《生态环境状况评价技术规范》（HJ 192—2015），洪湖市土地胁迫指数为4.46，整体上土地胁迫程度低，土地开发利用状况不会制约发展进程。

5. 污染负荷

污染负荷用于反映被评价区域所承受的环境压力，利用区域单位面积所收纳的污染负荷表示。污染负荷指数的计算如下：

$$污染负荷指数 = 0.2 \times A_{化学需氧量} \times 化学需氧量排放量 / 区域年降水量 + 0.2 \times A_{NH_3} \times 氨氮排放量 / 区域年降水总量 + 0.2 \times A_{SO_2} \times SO_2 排放量 / 区域面积 + 0.1 \times A_{YFC} \times 烟（粉）尘排放量 / 区面积 + 0.2 \times A_{NO_x} \times 氮氧化物排放量 / 区域面积 + 0.1 \times A_{SOL} \times 固体废物丢弃量 / 区域面积$$

式中：$A_{化学需氧量}$——化学需氧量的归一化系数，取为4.39；

A_{NH_3}——氨氮的归一化系数，取为 40.18；

A_{SO_2}——SO_2 的归一化系数，取为 0.06；

A_{YFC}——烟（粉）尘的归一化系数，取为 4.09；

A_{NO_x}——氮氧化物的归一化系数；取为 0.51；

A_{SOL}——固体废物的归一化系数，取为 0.07。

根据洪湖市 2015 年环境统计资料，洪湖市 2015 年相关污染物排放量及降水量见下表 2-15。

表 2-15　相关污染物排放量及降水量一览表

序号	类型	单位	排放量
1	化学需氧量排放量	吨／年	25518.40
2	氨氮排放量	吨／年	3147.90
3	二氧化硫排放量	吨／年	1857
4	烟粉尘排放量	吨／年	320
5	氮氧化物排放量	吨／年	376
6	固体废物排放量	吨／年	0
7	年降水量	毫米	1657.5

依据《生态环境状况评价技术规范》（HJ 192—2015），将表 2-15 数据代入公式中，计算得出洪湖市污染负荷指数为 23.68。目前，洪湖市主要的环境压力来自城镇生活污水排放、畜禽养殖污染及农业面源污染。

6. 环境限制

环境限制指数是生态环境状态的约束性指标，指根据区域内出现的严重影响人居生产生活安全的生态破坏和环境污染事项，对生态环境状况类型进行限制和调节，见表 2-16。

表 2-16　环境限制指数约束内容

分类		判断依据	约束内容
突发环境事件	特大环境事件	按照《突发环境事件应急预案》，区域发生人为因素引发的特大、重大、较大或一般等级的突发环境事件，若评价区发生一次以上突发环境事件，则以最严重等级为准。	生态环境不能为"优"和"良"，且生态环境质量级别降 1 级。
	重大环境事件		
	较大环境事件		生态环境级别降 1 级。
	一般环境事件		

续表

分类		判断依据	约束内容
生态破坏环境污染	环境污染	存在环境保护主管部门通过的或国家媒体报道的环境污染或生态破坏事件（包括公开的环境质量报告中的超标区域）。	存在国家生态环境部通报的环境污染或生态破坏事件，生态环境不能为"优"和"良"，且生态环境级别降1级；其他类型的环境污染或生态破坏事件，生态环境级别降1级。
	生态破坏		
	生态环境违法案件	存在环境保护主管部门通报或挂牌督办的生态环境违法案件。	生态环境级别降1级。
	被纳入区域限批范围	被环境保护主管部门纳入区域限批的区域。	生态环境级别降1级。

2013年，洪湖市环境保护局编制了《洪湖市突发环境事件应急预案》，市人民政府和环保局建立应急联动机制，对境内污染源、风险源登记并建立数据库，定期开展培训、组织演练，境内没有突发环境事件发生。市环保局联合其他部门依法对国家依法关停淘汰落后企业，对全市重点企业（国控1家）实行污染物在线联网监控，加大污染源现场监察力度，全市未发生被环境保护主管部门通报的重大生态破坏、环境污染事件，没有出现严重环保违规事件。市住房和城乡建设局和环保局对地区新建项目依法审批，不存在被环保主管部门纳入区域限批的区域。

参照《生态环境状况评价技术规范》（HJ 192—2015），洪湖市环境限制指数对生态环境状况无限制作用。

7.生态环境状况综合评价

生态环境状况指数是生物丰度指数、植被覆盖指数、水网密度指数、土地胁迫指数、污染负荷指数的加权求和，再根据环境限制指数对其进行约束限制，反映被评价区域生态环境质量状况。生态环境状况指数的计算方法如下：

生态环境状况指数 =0.35 × 生物丰度指数 +0.25 × 植被覆盖指数 + 0.15 × 水网密度指数 +0.15 × （100- 土地胁迫指数)+0.1 × （100- 污染负荷指数）+ 环境限制指数。

根据生态环境状况指数，将生态环境分为5级，即优、良、一般、较差和差，见表2-17。

表2-17　生态环境状况分级（%）

级别	优	良	一般	较差	差
指数	$EI \geqslant 75$	$55 \leqslant EI < 75$	$35 \leqslant EI < 55$	$20 \leqslant EI < 35$	$EI < 20$
描述	植被覆盖度高，生物多样性丰富，生态系统稳定	植被覆盖度较高，生物多样性较丰富，适合人类生活	植被覆盖中等，生物多样性水平一般，较适合人类生活，但有不适合人类生活的制约性因子出现	植被覆盖较差，严重干旱少雨，物种较少，存在着明显限制人类生活的因素	条件较恶劣，人类生活受到限制

依据《生态环境状况评价技术规范》（HJ 192—2015），综合评价洪湖市生物丰度、植被覆盖、水网密度、土地胁迫、污染负荷和环境限制因素，计算得出洪湖市生态环境状况指数为59.38%，自然生态保存完善，生态环境总体水平较高。

九、洪湖水质变化

1. 评价方法

自20世纪60年代以来，国内外就不断有文献讨论水质评价的方法并已开发出几十种。纵观环境评价的发展，有由单目标向多目标，由单环境要素向多环境要素，由单纯的自然环境系统向自然环境与社会环境的综合系统，由静态分析向动态分析发展的趋势。水质评价主要采用的方法是文字分析与描述，并配合数学计算，可用达标率、超标率等统计数字说明水质的状况。对于地表水质量评价，主要方法有单因子指数评价法、环境污染指数法、生物学评价法、灰色评价法、模糊数学法、物元分析法、人工神经网络评价法等。结合实际掌握的监测数据以及评价目的，本研究选取单因子指数评价法和环境污染指数法对2006—2016年洪湖水质进行评价。

单因子指数评价法是《国家水质标准》（GB3838—2002）中已确定的评价方法，即以水质最差的单项指标所属类别来确定水体综合水质类别。该方法简单明了，可直接反映水质状况与评价标准之间的关系，是目前使用最多的水质评价方法。其计算方式如公式（1）所示。

$$X_i = \frac{C_i}{S_i}$$

（1）

式中，C_i——某一质量参数的监测统计浓度（毫克／升）；S_i——某一质量参数的评价标准（毫克／升），通常采用国家环境质量标准，在国家标准尚未规定时采用国际标准或环境基准值。

水质参数的标准指数大于"1"，表明该水质参数超过了规定的水质标准，已经不能满足使用功能的要求。水质参数的标准指数小于"1"，表明水质参数可以满足实用功能的要求，并且标准指数越小，说明水质越优。

环境污染指数法是用水体各监测项目的监测结果与其评价标准之比作为该项目的污染分指数，再通过各种数学手段将各项目的分指数综合运算得出一个综合指数，以此代表水体的污染程度，作为水质评定尺度。本次研究主要利用环境污染指数法，将水环境中的污染物含量按照一定算法转换成数值，以此来表征不同水质指标的污染程度和评价水体的污染程度。其计算方法如公式（2）所示。

$$I_i = \frac{C_i}{S_i} \tag{2}$$

式中：I_i——某污染物的污染分指数；

C_i——某污染物的实测浓度；

S_i——某污染物的评价标准。

公式（2）中 I_i 表示与标准值比较后的环境污染倍数，I_i 数值越大，代表污染程度越高。C_i 的数值是监测站测出的实测数据，一般取实测数据的平均值。S_i 的值可以根据研究区域的要求选用相应的水质标准浓度。

根据《荆州市地表水环境质量公报》，本研究中的水质标准取地表水环境质量标准（GB3838—2002）中规定的 Ⅱ 类水标准限值，见表 2-20。在收集整理 2006—2016 年洪湖监测数据作为实测样本后，结合资料的完整性、可得性及评价指标的代表性，本报告选取了氨氮（NH_3-N）、总氮（总 N）、总磷（总 P）、高锰酸盐指数（CODMn）、BOD_5 五项指标作为评价指标。化学需氧量 C_r 监测数据起自 2011 年，故未选取其作为洪湖水环境污染评价的一项指标。因此，在计算出化学需氧量 Mn、NH_3-N、总氮、总磷、BOD_5 的环境污染分指数以后，利用直接叠加法公式（3）来计算环境污染综合指数 Q_I。

$$Q_I = I_{NH_3}\text{-}N + I_{TN} + I_{TP} + I_{CODMn} + I_{BOD} \tag{3}$$

表2-18 《地表水环境质量标准》（GB 3838–2002）标准限值（毫克/升）

水质标准分类	总氮	总磷	氨氮	高锰酸盐指数	BOD$_5$
I	0.2	0.01	0.15	2	3
II	0.5	0.025	0.5	4	3
III	1	0.05	1	6	4
IV	1.5	0.1	1.5	10	6
V	2	0.2	2	15	10

2.水质年际变化

在收集整理2006—2016年洪湖监测数据作为实测样本后，结合资料的完整性、可得性及评价指标的代表性，本报告求得氨氮（NH$_3$-N）、总氮（TN）、总磷（TP）、高锰酸盐指数（CODMn）、BOD$_5$等五项水质指标2006—2016年各月的实测数据的平均值作为该年度该评价指标的浓度，再根据表2-18中的水质标准限值对其进行水质类别评价。最后，运用单因子评价法对上述五项指标进行简单水质评价得到其综合水质类别，评价结果见表2-19。

表2-19 2006—2016年洪湖水质监测结果及单因子评价结果

年份	总氮		总磷		氨氮		高锰酸盐指数		BOD$_5$		总体水质评价
	含量（毫克/升）	水质类别	含量（毫克/升）	水质类别	含量（毫克/升）	水质类别	含量（毫克/升）	水质类别	含量（毫克/升）	水质类别	
2006	0.9	III	0.05	III	0.37	II	4.3	III	2.84	I	III
2007	1.32	IV	0.046	III	0.36	II	4.25	III	2.79	I	IV
2008	1.08	IV	0.039	III	0.33	II	4.07	III	2.87	I	IV
2009	1.01	IV	0.03	III	0.29	II	4.6	III	3.24	III	IV
2010	1.04	IV	0.046	III	0.37	II	3.75	II	2.71	I	IV
2011	0.69	III	0.03	III	0.29	II	4.01	III	2.45	I	III
2012	0.73	III	0.019	II	0.26	II	4.42	III	1.96	I	III
2013	0.72	III	0.026	III	0.25	II	4.32	III	1.93	I	III
2014	0.78	III	0.027	III	0.32	II	4.37	III	1.95	I	III
2015	1.19	IV	0.047	III	0.39	II	4.31	III	1.94	I	IV
2016	0.87	III	0.053	IV	0.55	III	4.14	III	2.00	I	IV

在不计因某些数据缺失对评价结果影响的前提下，从选取的五项水质指标的评价结果来看，发现污染最严重的指标为总氮（总氮），因其水质类别为III～IV类，未完全满足良好湖泊水质标准要求；根据总磷（总磷）和高锰酸盐指数（CODMn）十年的监测结果显示，十年中各指标都仅有一年达到II类水

质标准,大部分年份均为Ⅲ类,仅 2016 年为Ⅳ类水质;BOD₅除了 2009 年为Ⅲ类,其余年份水质都能达到Ⅰ类水质标准;氨氮在 2016 年为Ⅲ类,其余年份都能达到Ⅱ类水质标准。总体上,洪湖水质由Ⅲ类恶化为Ⅳ类,又好转为Ⅲ类,于 2015 年又恶化为Ⅳ类。

3. 环境污染指数评价年际变化

根据洪湖历史监测资料,采用《地表水环境质量标准》(GB 3838—2002)中的Ⅱ类水质标准作为评价标准对洪湖各年的水质参数求环境环境污染分指数,在计算出总氮、总磷、氨氮、高锰酸盐指数、BOD₅的环境污染分指数以后,最终利用直接叠加法来计算环境污染综合指数 Q_1,详见表 2-20。

在 2006—2016 年间洪湖水质综合指标呈波动性变化,环境污染综合指数 Q_1 最低值出现在 2012 年,环境污染综合指数 Q_1 为 4.50,最高出现在 2007 年,环境污染综合指数 Q_1 为 7.19。从洪湖水质指数的变化趋势来看,其呈现出明显的"污染波动",其中 2007 年、2010 年、2015 年均为污染指数较高年份,据此划分近十年的洪湖水质变化,可分为以下三个阶段。

第一阶段为 2006—2007 年,污染综合指数 Q_1 从 6.56 上升到近十年来的最高值 7.19。分析各指标分指数不难发现,除总氮外,其余分指数均与往年持平,在这一阶段造成水质恶化的主要原因是总氮和氨氮严重超标,结合往期相关资料不难发现,总氮和总磷指标对水质影响较大,因而导致洪湖水质难以达到Ⅱ类水质标准要求。

第二阶段为 2008—2010 年,这一阶段的污染综合指数较为稳定,无明显恶化或好转现象,而因为总氮分指数逐步下降,整体综合指数较 2007 年峰值有轻微好转,但对比这一阶段的三年各分指数,各分指数均有升有降,水质趋同,整体水质一直维持在Ⅳ类水质。

第三阶段为 2010—2016 年,这一阶段洪湖水环境污染综合指数 Q_1 呈先下降后升高的趋势。分析各指标污染分指数,不难发现 2015 年和 2016 年污染综合指数上升根本原因是总磷污染分指数上升显著,其次为总氮。由于总氮有较为明显的增加,氨氮污染分指数也随之相应增加,但增幅不太明显,而高锰酸盐指数污染分指数未出现显著变化。2011 洪湖申报洪湖生态环境保护试点,2012 年为近十年来污染最轻的年份,Q_1 值之所以低一是因为总氮、总磷、BOD₅污染分指数都明显低于往期,二是因为高锰酸盐指数污染分指数与往年持平。

表 2-20 2006—2016 年洪湖流域水质监测结果及级别评价

年份	总氮污染分指数	总磷污染分指数	氨氮污染分指数	高锰酸盐指数污染分指数	BOD₅指标污染分指数	环境污染综合指数 Q_I
2006	1.80	2	0.74	1.08	0.95	6.56
2007	2.64	1.84	0.72	1.06	0.93	7.19
2008	2.16	1.56	0.66	1.02	0.96	6.35
2009	2.02	1.20	0.58	1.15	1.08	6.03
2010	2.08	1.84	0.74	0.94	0.90	6.50
2011	1.38	1.20	0.58	1.00	0.82	4.98
2012	1.46	0.76	0.52	1.11	0.65	4.50
2013	1.44	1.04	0.50	1.08	0.64	4.70
2014	1.56	1.08	0.64	1.09	0.65	5.02
2015	2.38	1.88	0.78	1.08	0.65	6.76
2016	1.74	2.12	1.10	1.04	0.67	6.66

综上所述，近十年来，洪湖水体污染程度的决定因子为营养元素，并非有机物。要达到Ⅱ类水质管理目标，首要任务是控制磷和氮的入湖总量。

第三章　水污染源解析

一、洪湖市水污染源

1. 点源污染

（1）工业污染源

2016 年，洪湖市 121 家规模以上工业企业完成总产值 260.38 亿元，比 2015 年增长 7.5%，规模工业增加值增长 6.0%，其中 45 家农产品加工企业完成工业总产值 201.20 亿元，比 2015 年增长 13.4%，18 家高新技术企业实现工业增加值 36.49 亿元，占 GDP 比重 17.12%。工业企业一直是造成水环境污染的重要原因之一。根据环境统计资料，2015 年洪湖市工业企业废水排放量为 479.97 万吨，其主要污染物化学需氧量排放量 666.94 吨，总氮排放量 142.72 吨，总磷排放量 0.74 吨，氨氮排放量 36.42 吨。

（2）城镇生活污染源

据统计资料显示，2015 年洪湖市的城镇常住人口为 15.14 万人，水排放量 880.67 万吨 / 年，化学需氧量的年排放量为 2790.78 吨。根据《湖北省水源地环境保护规划基础调查》规定，总氮取 45 毫克 / 升，总磷取 5 毫克 / 升，氨氮取 40 毫克 / 升，经计算可知，洪湖市城镇生活污水总氮的年排放量为 396.30 吨，总磷为 44.03 吨，氨氮为 352.27 吨。

洪湖市 2015 年生活污水处理率 84.08%，故洪湖市城镇生活污水主要污染物入河量为化学需氧量 444.29 吨，总氮 63.09 吨，总磷 7.01 吨，氨氮 56.68 吨。

（3）旅游污染源

洪湖历史悠久，文化灿烂，人文景观丰富多样，其旅游业主要以洪湖景区为中心。随着旅游产业的持续发展，洪湖流域每年接待的游客数量将会维持较高的增长水平，旅游业给洪湖流域水环境带来的污染问题愈加突显。根据《洪湖市旅游开发总体规划（2002—2020 年）》，得知洪湖流域 2015 年接待的旅游人口数为 176.7 万人。在洪湖湿地生态旅游区停留 2 天及以上的人数占前往洪湖旅游游客的 19.7%，停留 1 天的游客人数占 38.4%，逗留时间在一天以下的游客所占比重达到 60.9%。游客生活污水产生量以及污染物产生系数按照城镇人口标准计算，即人均生活污水产生量 150 升 / 人·日，污染物负荷化学需氧量 64 克 / 人·日，总氮 10.3 克 / 人·日，总磷 0.72 克 / 人·日，氨氮 7.4 克 / 人·日。计算得出洪湖市每年由旅游产生的废水产生量为 286916.63 吨，污染物产生量化学需氧量 122.42 吨，总氮 19.7 吨，总磷 1.38 吨，氨氮 14.15 吨。旅游废水的入湖量按城镇生活污水的排放系数 0.6 进行计算，经计算，洪湖每年由旅游产生的废水入湖量为 172149.98 吨，污染物入湖量化学需氧量 73.45 吨，总氮 11.82 吨，总磷 0.83 吨，氨氮 8.49 吨。

2. 面源污染

（1）农村生活污染源

2015 年洪湖市的农村常住人口为 43.07 万人，参考《全国地表水环境容量核定和总量分配方案》和《湖北省水源地环境保护规划基础调查》，农村生活污水产生量取 80 升 / 人·日，其中污染物产生量化学需氧量 16.4 克 / 人·日，氨氮 4.0 克 / 人·日，总氮 5.0 克 / 人·日，总磷 0.44 克 / 人·日，氨氮 4.0 克 / 人·日。由于洪湖市内的大部分农村地区不具备完善的排水管网，生活污水多数没有经过任何处理，直接排入附近的河道；仅有少数地区的生活污水经过化粪池的简单处理后排放。因此，本书在计算中将其产生量近似为排放量。

农村生活污水经过雨水冲刷通过地表径流的方式进入水体，其流失率分别按照污水总量 80% 的黑水和总量 20% 的灰水计算，其中黑水中化学需氧量、氨氮、总氮、总磷的流失率分别为 10%、10%、8% 和 3%，灰水中污染物的流失率均为 75%。经计算可知，2015 年洪湖市农村生活污水排放量为 1257.6 万吨，污染物入河量化学需氧量 592.98 吨，氨氮 144.63 吨，总氮 168.21 吨，总磷 12.04 吨。

（2）农业面源

农田面源是指农业生产施用的化肥进入农田，营养盐不能完全被农作物吸收，残留部分随着地表径流流失进入水体。据统计资料显示，洪湖市的农田类型主要有水田和旱地两种，其中，水田面积为 55180 公顷，约占农田总面积的 86%，旱地面积为 9010 公顷，约占农田总面积的 14%。

目前中国大多数农田中氮、磷等元素施加量都处于较高水平。通常当农田氮素平衡盈余超过 20%、磷素超过 150%、钾素超过 50% 时，即分别可能引起氮素、磷素和钾素对环境的潜在威胁。洪湖市化肥施用量总计为 187056 吨 / 年，其中氮肥为 81183 吨 / 年，磷肥 52853 吨 / 年，钾肥为 18146 吨 / 年，复合肥 34874 吨 / 年。

进行计算之前，根据《全国地表水环境容量核定》的相关要求，洪湖市化肥施用量的修正系数取 1.2；由于洪湖市所在区域陆地为冲积平原，地势平坦，较大面积的土地坡度在 25° 以下，因此坡度修正系数取 1.2；洪湖市地区是由河湖冲积、淤积物组成的低洼地、沼泽，土壤类型主要有水稻土和潮土，土壤类型的修正系数取 1.0；流域内多年平均降水量约 1000~1350 毫米，大于 800 毫米，降水量的修正系数取 1.5。

参照黄漪平对太湖周围土壤的研究成果和郭永彬的《基于 GIS 的流域水环境非点源污染评价理论与方法：以汉江中下游为例》中的标准，流域内不同土地类型的单位面积污染物负荷及流失率见表 3-1。

表 3-1　土地利用类型农业面源污染单位面积负荷量

土地利用类型	化学需氧量（千克/公顷）	总氮（千克/公顷）	总磷（千克/公顷）	流失率
水田	72.75	25.95	1.8	0.25
旱田	76.2	11.25	3.3	0.2

经计算得出，洪湖市的农业种植业污染物流失量为化学需氧量 2464.34 吨 / 年，总氮 817.03 吨 / 年，总磷 66.48 吨 / 年，氨氮 620.94 吨 / 年；其中水田污染物流失量为化学需氧量 2167.75 吨 / 年，总氮 773.24 吨 / 年，总磷 53.63 吨 / 年，氨氮 588.31 吨 / 年；旱地污染物流失量为化学需氧量 296.59 吨 / 年，总氮 43.79 吨 / 年，总磷 12.84 吨 / 年，氨氮 32.63 吨 / 年。

（3）畜禽养殖污染源

据 2015 年统计资料显示洪湖市畜禽年末存栏数，生猪 26.71 万头，牛 5870 头，羊 3802 只，家禽 468.21 万只。2015 年洪湖市畜禽当年出栏数，生猪 229.3 万头，牛 30560 头，羊 19820 头，家禽 468.21 万只。2015 年洪湖市生猪出栏 49.43 万头，牛 6413 头，羊 5088 头，家禽 859.90 万只。

根据《全国水环境容量核定技术指南》的要求，畜禽养殖量需要通过农村年鉴、统计年鉴及必要的调查获得，并换算成猪，换算关系如下：60 只肉鸡折算成 1 头猪（1 只蛋鸡先折算成 2 只肉鸡），1 头肉牛折算成 5 头猪（1 头奶牛先折算成 2 头肉牛）。根据洪湖市实际情况，将 3 只羊折算成 1 头猪。畜禽养殖污染物产量可参照经验系数估算，中南地区生猪畜禽养殖场（育肥、干清粪）主要污染物排放系数为：化学需氧量 50 克 / 头·天，氨氮 10 克 / 头·天，总氮 21.6 克 / 头·天，总磷 6.8 克 / 头·天。畜禽养殖污染物的入河系数以 12% 计算，得出畜禽养殖污染物的入河量为化学需氧量 599.25 吨 / 年，总氮为 258.88 吨 / 年，总磷为 81.50 吨 / 年，氨氮为 119.85 吨 / 年。

（4）水产养殖污染源

随着水产养殖规模和产量的不断攀升，水产养殖造成的环境污染问题不容忽视，养殖污染源于残饵、代谢产物和水产药物的排放，过度的养殖密度和落后的养殖技术给环境造成了巨大的压力，因此测算水产养殖的污染物排放量是流域生态安全调查的重要一环。2015 年洪湖市水产养殖面积为池塘养殖 18151.57 公顷，湖泊 9413.80 公顷，河沟养殖 504.43 公顷，其他养殖 578.03 公顷，合计 28647.83 公顷。

根据《第一次全国污染源普查水产养殖业污染源产排污系数手册》和洪湖市的实际情况取淡水养鱼水产养殖排污系数：化学需氧量为 51.2 千克 / 吨、总氮 4.68 千克 / 吨、总磷 0.98 千克 / 吨、氨氮 1.87 千克 / 吨。经过计算得出洪湖市水产养殖污染物产生量为化学需氧量 11120.13 吨 / 年，总氮 1016.45 吨 / 年，总磷 212.85 吨 / 年，氨氮 406.15 吨 / 年，根据水产养殖实际情况，污染物流失量以输入量的 35% 计算，洪湖市水产养殖流失的化学需氧量 3892.04 吨 / 年，总氮 355.76 吨 / 年，总磷 74.50 吨 / 年，氨氮 142.15 吨 / 年。

（5）其他污染源

①船舶污染。船舶污染虽然产生量小，但是由于船舶具有流动性，导致其污染分布较分散，污染区域较广泛。《船舶污染物排放标准》（GB3552—83）对

内河船舶的污染物排放进行了严格限制。据荆州市环境保护科学技术研究所提供的调查资料显示，洪湖市的船舶运输主要存在于洪湖市，现有快艇360艘，机帆船12540艘，连家渔船3835艘，船舶运输产生的废水排放源中的主要污染物质为大肠杆菌、BOD_5、SS等，污染物入湖量较小。由于机帆船和快艇的不确定性，本书主要计算连家渔船中的渔民生活污水所产生的污染物，每条连家渔船以2人计，根据《第一次全国污染源普查城镇生活源产排污系数手册》的要求，湖北省荆州市属于全国污染源调查三区4类区域，污染物负荷按BOD_5 29克/（人·日）来计算。经过计算可知：连家渔船的污染源排放量BOD_5 81.19吨/年，化学需氧量179.17吨/年，总氮28.84吨/年，总磷2.02吨/年，氨氮20.72吨/年。

②大气降尘。污染物质通过降水、降尘和湍流直接进入水体，因此水面降尘的污染负荷也是洪湖市的污染源之一，其计算公式为：

$$W = P \cdot A \cdot 10^{-3}$$

式中，W——水面年降水污染负荷（吨/年）；

P——负荷量（千克/平方千米·年）；

A——水面面积（平方千米）。

根据北京大学出版社出版的《流域环境规划典型案例》，若流域是以农业用地为主的乡村地区，大气降尘的强度总氮为10.5~38.0千克/平方千米·年，总磷为0.12~0.97千克/平方千米·年。洪湖市分布的主要是农业用地，河网交错，生态环境较好，因此本文计算采用最低值，即总氮10.5千克/平方千米·年，总磷0.12千克/平方千米·年。洪湖位于长江中游北岸，是长江和汉水支流之间的洼地壅塞湖，水面面积348.2平方千米。由此计算得出洪湖市大气降尘的污染负荷为总氮3.65千克/年，总磷0.04千克/年。

二、污染物排放量与入河量分析

1.污染物排放量

根据以上分析，对2015年洪湖市各类污染源主要污染物化学需氧量、总氮（总N）、总磷（总P）、氨氮（NH_3-N）排放量进行汇总，结果见表3-2。

表 3-2 2015 年洪湖市污染物排放量

类别		化学需氧量	总氮	总磷	氨氮
		排放量（吨/年）	排放量（吨/年）	排放量（吨/年）	排放量（吨/年）
点源	工业污染	666.94	142.72	0.74	36.42
	城镇生活	2790.78	396.30	44.03	352.27
	旅游污染	122.42	19.70	1.38	14.15
	小计	3580.14	558.72	46.15	402.84
面源	农村生活污水	2578.17	786.03	69.17	628.82
	农业种植	2464.34	817.03	66.48	620.94
	畜禽养殖	4993.75	2157.33	679.17	998.75
	水产养殖	11120.13	1016.45	212.85	406.15
	其他污染	781.87	125.80	8.78	90.40
	小计	21938.26	4902.64	1036.45	2745.06
	合计	25518.40	5461.36	1082.60	3147.90

根据表 3-2 可知，2015 年洪湖市主要污染物排放量分别为化学需氧量 25518.40 吨/年、总氮 5461.36 吨/年、总磷 1082.60 吨/年、氨氮 3147.90 吨/年。

从污染物排放量化学需氧量（如图 3-1 所示）来看，第一排放大户是水产养殖，占 44%；第二排放大户是畜禽养殖，占 19.57%；第三名是城镇生活污染，占 11%；第四名是农业种植，占 10%。农村和农业排放量占洪湖市化学需氧量总污染物产量的 86%。

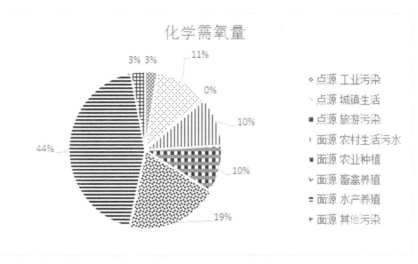

图 3-1 洪湖市水污染物排放化学需氧量构成

从总氮排放量（如图 3-2 所示）来看，第一排放大户是畜禽养殖，占 40%；第二排放大户是水产养殖，占 19%；第三名是农业种植，占 15%；第四名是农村生活污水，占 14%；第五名是城镇生活污水，占 7%。农村和农业排放量占洪湖市总氮总污染物产量的 90%。

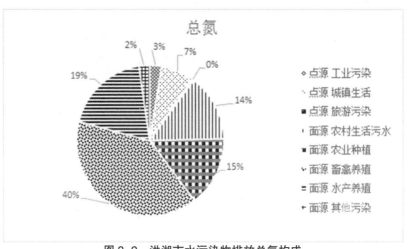

图 3-2　洪湖市水污染物排放总氮构成

从总磷排放量（如图 3-3 所示）来看，第一名是畜禽养殖，占 63%；第二名是水产养殖，占 20%；第三名是农业种植，占 6%；第四名是农村生活污水，占 6%；第五名是城镇生活污水，占 4%。农村和农业排放量占洪湖市总磷总污染物产量的 96%。

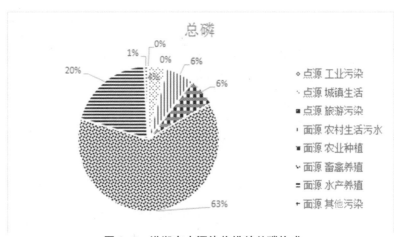

图 3-3　洪湖市水污染物排放总磷构成

从氨氮排放量（如图 3-4 所示）来看，第一名是畜禽养殖，占 32%；第二名是农业种植，占 20%；第三名是水产养殖，占 12.9%；第四名是农村生活污水，占 12.8%；第五名是城镇生活污水，占 11%。农村和农业排放量占洪湖市氨氮总污染物产量的 84%。

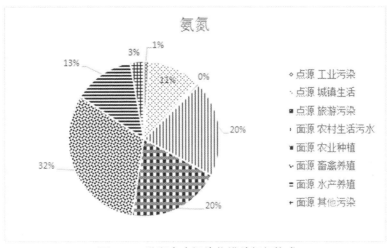

图 3-4 洪湖市水污染物排放氨氮构成

2.污染物入河量

（1）污染物入河量

污染物的排放量与污水处理能力关系密切，污染物只有进入河流、湖泊等水体，才构成污染。2015 年洪湖市主要污染物入河情况为化学需氧量 9515.15 吨，总氮 1943.34 吨，总磷 251.9 吨，氨氮 1218.96 吨。具体情况见表 3-3。

表 3-3 2015 年洪湖市污染物入河量（吨/年）

污染源分类		化学需氧量	总氮	总磷	氨氮
		入河量（吨/年）	入河量（吨/年）	入河量（吨/年）	入河量（吨/年）
点源	工业污染	666.94	142.72	0.74	36.42
	城镇生活	444.29	63.09	7.01	56.08
	旅游污染	73.45	11.82	0.83	8.49
	小计	1184.68	217.63	8.58	100.99
面源	农村生活污水	592.98	168.21	12.04	144.63
	农业种植	2464.34	817.03	66.48	620.94
	畜禽养殖	599.25	258.88	81.5	119.85
	水产养殖	3892.04	355.76	74.5	142.15
	其他污染	781.86	125.83	8.8	90.4
	小计	8330.47	1725.71	243.32	1117.97
合计		9515.15	1943.34	251.9	1218.96

　　洪湖市污染源化学需氧量入湖量（如图 3-5 所示）中水产养殖污染所占比例最大，为 41%；第二名是农业种植业污染，占 26%；第三名是大气降尘和船舶（含湖上船民）等污染，占 8%；第四名是工业污染，占 7%；第五名是畜禽养殖和农村生活污水，各占 6%。由于洪湖市水产养殖面积较大，洪湖内围网养殖情况还很严重，围网养殖产生的内源污染直接排入洪湖水体，再加之外源水产养殖污染物的汇入，水产养殖业化学需氧量入湖量占洪湖化学需氧量污染比重最大；由于化肥施用量大，化肥利用率低导致农业种植业化学需氧量排放量也相对较多。

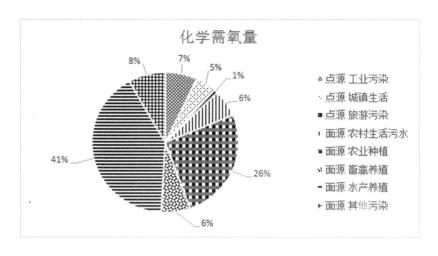

图 3-5　洪湖市水污染物入河量化学需氧量构成

　　洪湖市污染源总氮入湖量（如图 3-6 所示）所占比例由大到小依次为：农业种植业 42%，水产养殖 18%，畜禽养殖 13%，农村生活污水 9%，工业污染 7%，大气降尘和船舶（含湖上船民）等污染占 6%，城镇生活污水 3%。导致这种现象的原因是：洪湖市农业种植面积较大，农民施肥主要以氮肥为主，因而氮肥施用量很高，但施用的氮肥大部分都未被植物利用，经过雨水冲刷流失到河流湖泊中，造成污染。洪湖市养殖业较发达，养殖废水中氮成分占较大比例，因而畜禽养殖业和水产养殖业污染占洪湖市污染源总氮入湖量中比例较大。

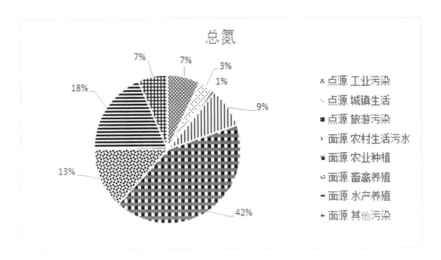

图 3-6　洪湖市水污染物入河量总氮构成

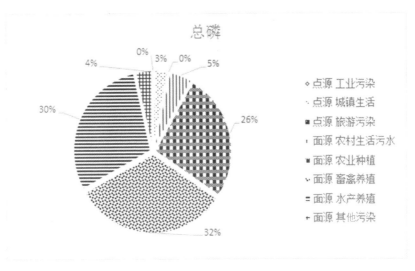

图 3-7　洪湖市水污染物入河量总磷构成

　　洪湖市污染源总磷所占比例（如图 3-7 所示）最多的是分散式畜禽养殖占 32%，排在后面的是水产养殖业占 30%，农业种植业占 26%，农村生活污水占 5%，城镇生活污水占 3%。导致这种现象的原因：洪湖市畜禽养殖业较发达且畜禽粪便中氮磷含量较高，因此畜禽养殖业占总磷污染比例较大；洪湖湖内围网养殖较严重，投加的饲料未被鱼类和植物吸收，以溶解态的形式溶解于湖泊水体中，造成水体富营养化；除此之外农业种植业中磷肥的大量施加，多数未被利用的磷肥随水流冲刷作用流失进入河流湖泊，也是总磷污染的一个重要原因。相比之下，工业污染中总磷贡献率占洪湖污染源总磷的比例相对较小。

洪湖市污染源排放量氨氮所占比例（如图 3-8 所示）由大到小依次为：农业种植业为 51%，农村生活污水和水产养殖各占 12%，畜禽养殖 10%，大气降尘和船舶（含湖上船民）等污染占 7%，城镇生活 5%，工业污染 3%。分析可以得出农业种植业氨氮排放量占洪湖市污染源氨氮的比例最大，农业种植业氮肥流失可能是其主要原因。

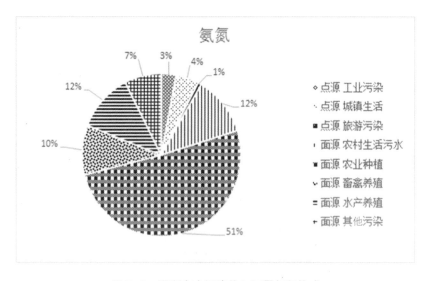

图 3-8　洪湖市水污染物入河量氨氮构成

3. 按行业分析

洪湖市的化学需氧量入河量中按行业降序排列依次为：水产养殖污染 3892.04 吨/年，农业种植业 2464.34 吨/年，工业废水 666.94 吨/年，分散式畜禽养殖 599.25 吨/年，农村生活污染 592.98 吨/年，城镇生活污水 444.29 吨/年。

洪湖市的总氮入河量中按行业降序排列依次为：农业种植业 817.03 吨/年，水产养殖污染 355.76 吨/年，分散式畜禽养殖 258.88 吨/年，农村生活污染 168.21 吨/年，工业废水 142.72 吨/年，城镇生活污水 63.09 吨/年。

洪湖市的总磷入河量中按行业降序排列依次为：分散式畜禽养殖 81.50 吨/年，

水产养殖污染 74.50 吨／年，农业种植业 66.48 吨／年，农村生活污染 12.04 吨／年，城镇生活污水 7.01 吨／年，工业废水 0.74 吨／年。

洪湖市的氨氮入河量中按行业降序排列依次为：农业种植业 620.94 吨／年，农村生活污染 144.63 吨／年，水产养殖污染 142.15 吨／年，分散式畜禽养殖 119.85 吨／年，城镇生活污水 56.08 吨／年，工业废水 36.42 吨／年。

三、污染成因分析

综合表 3-4 来看，洪湖市水污染源主要来自于农村地区，农村和农业污染超过了进入河流湖泊污染物总量的 88%，城镇和工业由于大部分具有污水处理设施，只贡献了 12% 的入河污染物。洪湖市第一大污染源为水产养殖产生的污染，占 35%；其次为农业种植产生的面源污染，占 31%；再次为畜禽养殖产生的污染及其他，各占 8%；最后为农村生活污水产生的污染，占 8%。

表 3-4　洪湖市水污染源构成分析

污染源分类		化学需氧量	总氮	总磷	氨氮	
		入河量（%）	入河量（%）	入河量（%）	入河量（%）	综合（%）
点源	工业污染	7.01	7.34	0.29	2.99	6.55
	城镇生活	4.67	3.25	2.78	4.60	4.41
	旅游污染	0.77	0.61	0.33	0.70	0.73
	小计	12.45	11.20	3.41	8.29	11.69
面源	农村生活污水	6.23	8.66	4.78	11.87	7.10
	农业种植	25.90	42.04	26.39	50.94	30.70
	畜禽养殖	6.30	13.32	32.35	9.83	8.19
	水产养殖	40.90	18.31	29.58	11.66	34.53
	其他污染	8.22	6.47	3.49	7.42	7.79
	小计	87.55	88.80	96.59	91.71	88.31
合计		100.00	100.00	100.00	100.00	100.00

污染成因主要包括：

1. 大面积围网养殖，非法围养、过度开发的现象屡禁不止

20 世纪 80 年代，围网养殖技术曾作为先进技术在全国推广，大面积围网养殖开始爆发，受短期经济利益的驱动，非法围养、过度开发的现象屡禁不止。人为过度捕捞导致鱼类小型化，渔民为了加速鱼类生长，加大人工饲料的投入，但饲料中只有小部分的氮元素和磷元素转化为渔产品，剩余饵料及水产排泄物经降

解后进入水体生态循环系统，造成水体富营养化。洪湖市曾开展 2005 年、2013 年两次拆围大行动，目前正在进行第三次拆围行动。

2. 工业用水量的增加以及工业废水的难处理性，导致污染物排放量加大

由于工业内部结构调整和工艺改进等因素影响，洪湖周边各行业排污系数会继续保持较小的下降幅度，但由于近年来洪湖市工业的发展导致工业用水量的增加以及工业废水的难处理性，导致污染物排放量加大。目前洪湖市工业污水处理厂还相对较少，大部分地区均无工业污水处理设施或者由于各种原因没有正常运行，这导致城市、乡镇和工业企业产生的污水就近直接进入洪湖市水体，造成局部污染。

3. 机械化水平低，科学技术的应用相对较少，加剧了污染程度

洪湖市农业污染问题依旧突出，洪湖市农业种植业种植面积较大，但规模化程度低，机械化水平低，科学技术的应用也相对较少，更加剧了洪湖市农业面源污染的程度。近年来洪湖流域畜禽养殖业发展迅速，虽然规模化程度有所提升，但是分散式经营还占大多数，畜禽粪便未经处理或合理利用就直接排入自然界，对环境造成了极大的压力。畜禽粪便的直接流失和未充分的利用，使农业面源污染日益严重。

4. 洪湖流域内大量的上游和周边居民生活产生的污水直接排入洪湖，影响了洪湖湿地水质和生态系统

与 2012 年洪湖生态安全调查一期相比，洪湖流域城镇常住人口数有所下降，污水处理率也有所提升，但是随着生活水平的提高，城镇居民生活污水的排放量有所增加，污染物质含量也有所上升，导致洪湖流域城镇生活污水入湖量不降反升。加之水利工程年久失修，旅游开发以及乡镇农产品加工业的快速发展，使洪湖水体污染日益严重。湖内大小游船排入湖区的含油污水和各种固体废弃物的增加，也加剧了洪湖水体污染。

5. 2012 年出台的《湖北省湖泊保护条例》，天然湖泊禁止渔业养殖

2016 年 12 月 31 日前，洪湖上的 15.5 万亩围网将全部拆除，渔民上岸安置，洪湖将回归"人放天养、捕捞生产"的生态渔业。总的来说，洪湖流域的水产养殖污染的程度将逐渐减轻，工业污水和生活污水排放绝对量将有所下降，但是短期内污染还将继续加重，非点源污染也将会增加。未来经济总量的增加和用水量的上升，非点源污染治理难度的加大，都会使得洪湖流域水环境污染在短期内还

有加重的趋势，以农村生活污染和农业化肥、养殖业污染为主要形式的非点源污染将成为流域治理的重点。随着经济的发展，会出现新的污染形式，如重金属污染、有机污染、有毒物质污染等。

6. 化肥用量居高不下

2015 年，洪湖市施用化肥实物量为 187056 吨，单位施用量 112.33 千克/亩，折纯大约为 24.20 千克/亩，比全国平均水平（21.9 千克/亩）高 10.5%，远高于世界平均水平（每亩 8 千克），是美国的 2.85 倍，欧盟的 2.77 倍。由于超量施肥，致使化肥利用率低，氮肥、磷肥和钾肥利用率分别为 35%、18% 和 32%。化肥面源污染主要表现在：（1）矿质肥料中重金属含量高于土壤本底。长期大量使用造成部分土壤重金属含量明显上升；（2）氮磷钾比例不协调，氮肥过量，造成肥料当季利用率不高，蔬菜、水果等农产品硝酸盐含量超标，品质下降；（3）设施栽培田块超量使用化肥，加之频繁灌溉，造成土壤次生盐渍化和地下水污染；（4）大量化肥通过农田径流流入江河，造成水体富营养化。

7. 农药使用没有控制

洪湖市使用农药按纯量计算，2015 年 3670 吨，单位使用量为 2.20 千克/亩，高出全国平均水平 0.3 千克/亩，病虫害综合防治率 70%。农药的长期大量使用，致使害虫抗药性愈来愈强，大量害虫天敌被杀灭，破坏了农田生态平衡和生物多样性。农药每亩平均用量逐年增加，造成农业面源污染。农药面源污染主要表现在：（1）蔬菜、果树等农作物使用禁用农药造成农药残留超标，夏、秋季发生率较高；（2）施药器械和方法落后，大部分药液洒落于土壤表面，形成在土壤中农药残留；（3）用后农药瓶袋弃置于沟渠边、池塘旁或施药后雨水冲洗，部分农药污染水体。

8. 农膜使用有增无减

洪湖市 2015 年使用农膜 304.52 吨，其中地膜约 214.19 吨，平均使用量为 0.129 千克/亩。部分残膜进入农田土壤后，分解产生有毒物质污染土壤，改变土壤理化性质，造成耕地理化性状恶化，通透性变差，阻碍农作物根系吸收水分及根系生长，导致农作物减产。

9. 农作物秸秆利用有待加强

据调查测算，洪湖市 2016 年粮食作物秸秆产生总量为 75 万吨，其中禾本科粮食作物秸秆 73.4 万吨、油料豆类秸秆 1.6 万吨。其中，作为农村生活用能作燃料直接焚烧的秸秆约占 30%；堆放在田间地头、随意抛弃的秸秆约占 20%；作为饲料、肥料综合利用秸秆总量约占 40%。随意焚烧秸秆造成严重的空气污染，有时还会引发山火。部分农户将秸秆长期弃置堆放或推入河沟，日晒、雨淋、沤泡引起腐烂，污染水体。

10. 畜禽养殖业污染严重

据调查，2015 年末洪湖市生猪存栏 42.7 万头、牛存栏 13309 头、羊存栏 1878 只、畜禽存笼 870.75 万头（只、羽），畜禽粪便的资源化处理率虽然已达 90%，但仍有 10% 未经过无害化处理，直接排入附近的溪河、鱼塘，有 15% 左右的养殖场距居民水源地不足 50 米，50% 的养殖场距居民住房或水源地不足 200 米，给生活环境特别是水环境带来严重的污染和危害。

11. 水产养殖已经超载

2016 年洪湖市水产养殖总面积 87 万亩，淡水养殖产量 47.32 万吨。养殖方式以池塘和湖泊养殖为主，排水方式有自流和机械排水两种情况。一些水产养殖户和规模化养殖场为了追求经济效益，大量投入饵料和化肥，利用各种废弃料和畜禽粪便作水产饲料，投饵量最多的草鱼高达 2000~3000 千克 / 亩，使水质严重恶化，这些水又直接排放于农田或溪河，造成农业面源污染。

第四章　农业资源环境承载力分析

一、土地承载力

1997—2010 年，洪湖市土地利用的总体趋势为耕地面积大幅度下降。尤其是上一轮土地利用总体规划（《洪湖市土地利用总体规划（1997—2010 年）》）实施的九年间，全市耕地面积减少 18247.63 公顷，人均耕地面积从 1996 年的 1.89 亩下降至 2009 年的 1.25 亩。

自《洪湖市土地利用总体规划（2010—2020 年）》实施以来，全市耕地面积变化趋势呈现为小幅下降，城乡建设用地大幅增加，水域面积显著下降，未利用地基本保持稳定。2009—2015 年，全市耕地面积呈小幅增加趋势，由 77084.20 公顷下降至 76333.32 公顷；林地面积明显降低，自 2009 年的 4604.70 公顷降低至 2015 年的 3938.23 公顷；城市建设用地显著增加，自 2009 年底的 21447.06 公顷增加至 2015 年底的 23101.38 公顷；水域面积显著下降，由 2009 年底的 48213.81 公顷下降至 2015 年底的 39177.86 公顷；未利用地基本保持稳定，2009 年、2015 年均为 2.01 公顷。

近十年来，随着城市化进程的不断推进，农用地、建设用地需求不断增大，由于未利用地储备量基数较小，围网养殖、围湖造田、填湖造地等不合理的土地利用现象日趋严重，导致全市水域面积不断减少，对水生态环境造成极大的威胁。

截至 2015 年底，洪湖市国土面积 244357.25 公顷，其中农用地 80669.67 公顷、建设用地 23101.38 公顷、水域及水利设施用地 140584.29 公顷、未利用地 2.01 公顷。

在农用地中，全市耕地面积 76333.32 公顷，国家规定保护的基本农田（耕地红线）必须稳定保持在 88361.01 公顷以上，耕地资源明显不足，为确保基本农田面积不低于 88361.01 公顷，严守耕地红线，推进土地开发整理，适度开发土地后备资源潜力。根据洪湖市土地适宜性，合理推进耕地后备资源的开发利用，加强对废弃建设用地复垦。

2015 年洪湖市未利用地仅 2.01 公顷，土地资源储备量极为欠缺。为保障未来经济可持续发展，转变土地利用方式势在必行。

二、水资源承载力分析

洪湖市多年平均地表水资源量 12.9624 亿立方米，保证率 P=20%（偏丰年）、P=50%（平水年）、P=75%（偏枯年）、P=95%（枯水年），四种保证率的地表水资源量分别为 16.4707 亿立方米、12.8413 亿立方米、8.4367 亿立方米和 3.4852 亿立方米。

洪湖市过境江河（渠）主要为长江、东荆河和四湖总干渠，多年平均过境水资源量 7827 亿立方米。洪湖市多年平均地下水资源量为 2.5123 亿立方米，保证率 P=20%（偏丰年）、P=50%（平水年）、P=75%（偏枯年）、P=95%（枯水年），四种保证率的地下水资源量分别为 2.8409 亿立方米、2.4900 亿立方米、2.2064 亿立方米和 1.9053 亿立方米。

洪湖市多年平均水资源总量为 14.4110 亿立方米，人均拥有水资源量约 1553 立方米，高于湖北省人均水资源量（1406 立方米），低于全国人均水资源量（2200 立方米）和国际水资源警戒线标准（1750 立方米）。

2014 年洪湖市水资源总量 13.4965 亿立方米，用水量 5.1172 亿立方米，从资源总量上看，收大于支，有一半的水资源尚可利用。洪湖市集中式饮用水水源地主要以依靠长江、东荆河为主。然而，近年来随着全市粗放型经济的快速发展，洪湖市地表水污染形势严峻，除长江洪湖段水质较好外，全市域内的主要河流、渠道、湖泊的整体水质状况不容乐观。

2014 年洪湖市人均水资源消耗量为 656 吨，与黄石市、荆州市基本持平，低于鄂州市、荆门市、仙桃市、天门市、潜江市，高于武汉市、襄阳市、宜昌市、十堰市、孝感市、黄冈市、随州市、咸宁市、恩施州、神农架及湖北省平均水平，其中武汉市高 1.81 倍、比宜昌市高 1.68 倍。在生活用水方面，洪湖市人均用水量高于荆州市人均用水量（237吨）和湖北省人均用水量（100吨）。

表4-1 2014年湖北省各城市用水总量及用水效率一览表

城市名称	用水总量 （亿吨）	常住人口 （万人）	GDP （亿元）	人口承载量 （立方米/人·年）	经济承载量 （立方米/万元）
洪湖市	5.1172	85.89	182.42	656	306
武汉市	37.38	1033.80	10069.48	362	37.0
黄石市	15.57	244.92	1218.56	636	127
襄阳市	32.27	560.02	3129.26	576	103
荆州市	35.19	574.42	1482.49	613	237
宜昌市	16.05	410.45	3132.21	391	51
十堰市	9.63	337.27	1200.82	285	80
孝感市	27.13	486.13	1354.72	558	200
黄冈市	28.38	626.25	1477.15	453	192
鄂州市	12.26	105.88	686.64	1158	179
荆门市	20.84	288.91	1310.59	721	159
仙桃市	9.19	116.6	552.27	788	166
天门市	9.88	129.16	401.86	765	246
潜江市	6.71	95.44	540.22	703	124
随州市	9.08	218.38	723.45	416	125
咸宁市	6.71	248.92	964.25	531	137
恩施州	5.38	331.77	612.01	162	88
神农架	0.18	7067	20.24	232	88
湖北省	288.34	5816	27367.04	496	100

洪湖市属于"鱼米之乡"的粮食主产基地，农业用水量约占全市用水总量的85%左右。根据分析洪湖市农田灌溉耗水量、工业耗水量、城镇公共耗水量及居民生活耗水量与其他耗水量，全市耗水率从高到低依次为农村生活耗水率、牲畜耗水率、城镇居民耗水率、农田灌溉耗水率、林牧渔业耗水率、工业耗水率。全市耗水量从高到低依次为农田灌溉耗水量、林牧渔畜耗水量、工业耗水量、城镇公共耗水量、城镇和农村居民生活耗水量。综上分析，全市主要是由于农业用水量引起较大水资源流失，另外由于粗放的畜禽养殖模式、农村不具备集中式排水通道、城区居民需水量大的生活习惯及自来水管网漏损率造成水资源流失。

根据最严格水资源管理制度指标和水资源保护"红线"规划，洪湖市用水总量红线2020年必须控制在8.85亿立方米以内，2030年控制在8.86亿立方米以内。

根据洪湖市水资源评价与开发利用中推荐的二次供需平衡分析方案，通过进行水资源合理配置，采取节水、水资源保护、增加供水工程、开发利用其他水源等措施，到 2020 年洪湖市平水年可供水量为 6.0011 亿立方米、平水年需水量为 4.9083 亿立方米，2020 年全市余水 1.0928 亿立方米，可满足用水总量要求。到 2030 年洪湖市平水年可供水量为 6.2158 亿立方米、平水年需水量为 5.1497 亿立方米，2030 年全市余水 1.0661 亿立方米，可满足用水总量要求。

如果从人口承载力的维度来看，即使维持现有的用水格局和方式不变，如在 2020 年实现规划常住人口数量 87.65 万人，则用水总量会达到 5.75 亿立方米，远低于 8.85 亿立方米的用水总量红线；从经济的维度来看，如果维系现有的产业格局和用水效率不变，在 2020 年实现经济倍增至 335 亿元，则用水用量会突破 10 亿立方米，超过用水总量要求。如在 2024 年实现规划常住人口数量 89.92 万人，则用水总量会达到 5.89 亿立方米，低于 8.85 亿立方米的用水总量红线。如在 2024 年实现经济倍增至 490 亿元，则用水总量会达到 14.99 亿立方米，突破 8.85 亿立方米用水红线。

三、水环境承载力

根据《水域纳污能力计算规程》（GB/T25173—2010）计算洪湖市主要河流和湖泊纳污能力。采用适用于污染物非均匀混合的大型河段的河流二维模型计算长江洪湖段水体纳污能力；采用污染物在横断面上均匀混合的中小型的河流一维水质模型进行四湖总干渠洪湖段和东荆河洪湖段的纳污能力计算。

河流一维模型：

$$C_x = C_0 \cdot e^{-kx/u}$$

$$M = (C_s - C_x)(Q + Q_p)$$

式中：

C_x——流经 x 距离后的污染物浓度（毫克/升）；

C_0——起始断面污染物排放浓度（毫克/升）；

u——河流断面平均流速（米/秒）；

k——综合降解系数（1/s）；

M——水体允许排放量（吨/年）；

Q——初始断面入流流量（立方米/秒）；

Q_p——废污水排放流量（立方米/秒）；

x ——计算点到第 i 节点的距离（千米）。

河流二维模型：

$$C(x, y) = [C_0 + \frac{m}{h\sqrt{\pi x v E_y}} e^{(-\frac{v}{4x} \cdot \frac{y^2}{Ey})}] e^{(-K\frac{x}{v})}$$

$$M = [C_s - C(x, y)]Q$$

式中：

$C(x, y)$ ——计算水域代表点的污染物平均浓度（mg/L）；

m ——污染物入河速率（g/s）；

h ——设计流量下计算水域的平均水深（m）；

E_y ——污染物的横向扩散系数（m²/s）；

v ——设计流量下计算水域的平均流（m/s）；

y ——计算点到岸边的横向距离（m）；

其余符号同前。

控制因子：根据洪湖流域水污染现状和水污染物总量控制现状，选择化学需氧量和氨氮作为水环境容量计算的主要控制因子。估算洪湖市主要河流（渠道）、湖泊化学需氧量和氨氮两个参数的环境容量。

设计流量：采用 90% 保证率最枯月平均流量作为枯水期设计流量。

初始断面污染物排放浓度（C_0）确定：长江洪湖段化学需氧量、氨氮分别取水质监测数据平均值 10 毫克 / 升、0.41 毫克 / 升；东荆河洪湖段化学需氧量、氨氮分别取水质监测数据平均值 12.3 毫克 / 升、0.32 毫克 / 升；四湖总干渠洪湖段化学需氧量、氨氮分别取水质监测数据平均值 16.5 毫克 / 升、0.94 毫克 / 升；内荆河洪湖段化学需氧量、氨氮分别取水质监测数据平均值 12.9 毫克 / 升、1.0 毫克 / 升；洪湖化学需氧量、氨氮分别取水质监测数据平均值 14.8 毫克 / 升、0.31 毫克 / 升。

水质目标浓度值（C_s）确定：长江洪湖段、洪湖水质控制目标为Ⅱ类，按照《地表水环境质量标准》（GB3838—2002）的标准限值，化学需氧量、氨氮控制标准浓度值分别取 15 毫克 / 升、0.5 毫克 / 升；东荆河洪湖段、四湖总干渠洪湖段控制目标为Ⅲ类，化学需氧量、氨氮控制标准浓度值分别取 20 毫克 / 升、1.0 毫克 / 升；内荆河水质控制目标为Ⅳ类，化学需氧量、氨氮控制标准浓度值分别取 30 毫克 / 升、1.5 毫克 / 升。

污染物综合降解系数（K）：长江洪湖段、东荆河洪湖段、四湖总干渠洪湖段、内荆河洪湖段、洪湖化学需氧量降解系数、氨氮降解系数依次为 0.3、0.4、0.18、0.1、0.1、0.07，0.09、0.05、0.1、0.09。

长江洪湖段横向扩散系数 Ey：取 0.6 m²/s。

经分析计算，长江洪湖段水环境容量化学需氧量为 818 吨 / 年，氨氮为 51 吨 / 年；东荆河洪湖段水环境容量化学需氧量为 578 吨 / 年，氨氮为 43 吨 / 年；四湖总干渠水环境容量化学需氧量为 84.8 吨 / 年，氨氮为 1 吨 / 年；内荆河水环境容量化学需氧量为 2849 吨 / 年，氨氮为 268 吨 / 年；洪湖水环境容量化学需氧量为 189 吨 / 年，氨氮为 54 吨 / 年；洪湖市化学需氧量环境承载力为 4518.8 吨 / 年，氨氮环境承载力为 417 吨 / 年。洪湖市洪排河、玉带河、南港河、陶洪河等渠道90% 保证率最枯月平均流量近似为 0，理论上不能接纳污染物质。

2015 年洪湖市化学需氧量入河量 9515.15 吨、氨氮入河量 1218.96 吨。两者相比较，洪湖市化学需氧量排放已远超过环境承载力，约为环境承载力的 2.1 倍，无剩余环境容量；氨氮排放量已达到环境承载力的 2.9 倍，无剩余环境容量。

四、大气环境承载力分析

采用 A 值法计算洪湖市大气环境承载力，结果表明洪湖市二氧化硫承载力为 8.53 万吨 / 年、氮氧化物承载力 4.26 万吨 / 年。

2015 年，全市二氧化硫排放量 2145.31 吨，氮氧化物排放 379.87 吨。两者相比较，洪湖市二氧化硫排放量仅占环境容量的 2.5%，尚有约 8.3 万吨环境容量；氮氧化物排放量仅占环境容量的 0.89%，尚有约 4.2 万吨环境容量。

污染物排放总量并不完全以环境容量为依据。"十二五"期间，湖北省要求洪湖市二氧化硫在 2010 年基础上削减 8%，氮氧化物在 2010 年基础上削减 10%。到"十二五"期末，全市二氧化硫排放量应控制在 1750 吨以内，氮氧化物排放量应控制在 340 吨以内。从实际执行效果来看，洪湖市大气污染物二氧化硫排放量与氮氧化物排放量均超过国家下达的控制范围。

五、畜禽养殖承载力

1.研究方法

（1）基于作物养分需求的单位农田载畜数量计算法

以氮元素、P_2O_5 为标准，根据作物养分需求量和畜禽粪便养分产量来确定单位农田地（有效耕地面积）承载的畜禽数量。

$$单位农用地承载的畜禽数量 = k \times \frac{N \times A}{M}$$

式中：

N——作物每公顷每季的养分移走量，单位：$kg/（hm^2 \cdot s）$；

A——各地区的复种指数，由于多季的作物和蔬菜会在同一块农用地上耕种，所以计入各类作物的复种指数；

M——每头畜禽粪便养分年产生量；

k——有机肥利用率，单位：%。

研究计算出每公顷大田（指大片田地）作物地、蔬菜地和园地每季所能承载的奶牛、肉牛、猪、羊、蛋鸡、肉鸡、鸭等各种畜禽的数量。该研究值得借鉴之处在于详细考虑了种植不同作物的土壤对于畜禽粪便消纳能力有所不同，并且计算了多种常规饲养品种的合理养殖规模；但研究的结论只是得出不同农用地对于各种畜禽的最大承载规模，提供一个理论参数，不能直观的判断某个区域的畜禽承载力，更重要的是，研究没有将土壤原本的供肥能力考虑在内，这样算出的理论畜禽承载力将超过实际的最大承载力。

（2）考虑畜禽粪便利用率的农田纳畜量计算法

在农牧结合优化模型的研究中，对畜禽的农田纳畜量做了计算，公式如下：

$$N = \frac{A \times P}{S \times r} \times f$$

式中：

N——作物在单位农田种植面积下，周边内所能消纳的畜禽粪便量对应的中等营养水平和饲养条件下饲养家畜最大数量，单位：头（只）/（$hm^2 \cdot a$）；

A——预期单位面积产量下作物需要吸收的营养元素的量，单位：千克/公顷；

s——标准家畜单位每头（只）存栏畜禽的粪便养分年产量，单位：千克/（头·a）；

p——由施肥创造的产量占总产量的比例，单位：%；

r——畜禽粪便养分的当季利用率，因土壤理化性状、通气性能、湿度、温度等条件不同，一般在 25%~30% 范围内变化，单位：%。

该方法对于 f 值（作物吸收营养元素的量）的选取并未做出说明，并且对于羊作为标准畜禽单位与其他畜禽品种的折算关系也未有严谨的论证，只能算是对于畜禽承载力的粗略估算。

（3）基于氮平衡理论的畜禽养殖承载力计算法

从氮平衡角度，计算畜禽养殖承载力，计算公式为：

$$L_{max} = \frac{O_{max}}{S}$$

$$O_{max} = \frac{Y_{总} - N_S}{0.617 \times 365}$$

式中：

L_{max}——标准牛最大养殖数量，单位：万头；

S——耕地面积，单位：公顷；

$Y_{总}$——作物所需氮的总量，单位：千克；

N_S——土壤供氮总量，单位：千克；

0.167——牛的日粪便氮排放量，单位：千克/天。

该研究考虑了许多研究都忽略的土壤自身营养元素供给会对消纳畜禽粪的量产生影响的问题，而且在研究中对于标准畜禽单位的折算有详细的计算过程和科学的论证。但基于北京郊区农田土壤的氮、磷含量特征，该研究只从氮平衡的角度进行研究，另外，该研究在分析主要农作物的需氮量时，将果类合并考虑，所得结果太过笼统。

2. 洪湖市计算方法

（1）农用地承载量计算

在分析上述方法的优缺点之后，洪湖市现状分别以氮元素、P_2O_5 为标准，根据作物养分需要量和畜禽粪便养分产量来确定单位农用地承载的畜禽数量。根据不同作物的收获物和目标经济产量，确定每公顷作物在目标经济产量下每季的养分移走量作为作物的养分需求量。由于多季的作物和蔬菜会在同一块农用地上耕种，所以计入各类作物的复种指数 A。公式如下：

$$Q_{\max}=\frac{Y \times A}{P}$$

式中：

$Q_{\max}$——每公顷农用地所能承载的最大畜禽数量，头（只）/hm^2；

Y——每公顷第 i 种作物每季的养分需要量（千克 / 公顷·s）；

A——各地区的复种指数（每种类型作物的播种面积除以其占用耕地面积）；

P——畜禽粪便养分年可利用量（千克 / 年）。

$$Y=10 \times D \times O$$

式中：

D——单位重量经济产量的养分需要量（千克 /100 千克）；

O——作物 i 的目标经济产量（t·hm^2）；

$$P=M_k=（365 \times T \times C \times L）_k$$

式中：

Mk 为第 k 个畜种的年粪便养分可利用量（千克 / 年）；

T——每头存栏动物日平均粪尿产量（千克 / 天）；

C——粪尿养分百分含量（%）；

L——养分损失率（%）。

首先测算养殖场各养殖品种单位粪便养分含量和农作物单位面积产出物肥料养分消耗量，通过比较后得出单位面积各类养殖品种的承载量，即为单位面积畜禽养殖环境承载力。目前，一般根据农地的氮、磷承载力计算养殖环境容量。

$$q =S/D$$

式中：

q——畜禽养殖环境承载力；

S——畜禽养殖排放粪便可利用养分含量；

D——农作物养分消耗量。

假定农作物生长所需氮磷等养分全部来自畜禽粪便，当环境承载力（q）大于 1 时，表明畜牧养殖规模过大，其粪便养分排放超出了农作物养分的需求；当环境承载力在 0.8 与 1 之间时，由于有化肥可作为养分的补充，此时种养规模接近平衡，是较为理想的状态；当环境承载力小于 0.8 时，表明区域畜牧养殖排放的粪便养分不能满足农作物生长的需要，畜牧业还有较大的环境容量，可以扩大畜禽养殖规模。

（2）种养平衡分析

以项目区畜牧业养殖为基础，预测项目建设后项目区畜禽养殖结构和养殖规模。依据《畜禽养殖业污染物排放标准》等，了解到正常营养水平和饲养条件下单位存栏畜禽日均粪污产生量和全年粪污产生量，并结合不同种类畜禽粪污中养分含量，估算出单位存栏畜禽全年所排粪污所含的养分总量。畜禽养殖粪污主要包括粪便、尿液两大类，单位存栏畜禽粪便、尿液产量分别见表4-2和表4-3。

表4-2　每头存栏动物年平均粪便养分可利用量

畜种	粪便产量（千克/头·日）	养分含量（%）		养分总量（千克/头·日）		养分可利用量（千克/头·日）		养分比
		N	P_2O_5	N	P_2O_5	N	P_2O_5	N/P_2O_5
肉牛	24	0.51	0.38	44.68	33.29	35.7	29.96	1.19
猪	4	0.51	0.45	7.45	6.57	5.96	5.91	1.01
羊	2.3	1.05	0.42	8.81	3.53	7.05	3.17	2.22
蛋鸡	0.09	1.5	2.18	0.49	0.72	0.39	0.64	0.61

注：粪便为鲜粪，含水率64%~85%；N以粪便年平均养分的80%计算；P_2O_5以90%计算。

表4-3　每头存栏动物年平均尿液养分可利用量

畜种	尿液产量（千克/头·日）	养分含量（%）		养分总量（千克/头·日）		养分可利用量（千克/头·日）		养分比
		N	P_2O_5	N	P_2O_5	N	P_2O_5	N/P_2O_5
肉牛	17.6	0.7	0.05	44.97	3.61	22.48	2.89	7.78
猪	3.5	0.3	0.05	3.83	0.64	1.92	0.57	3.33
羊	1.55	0.7	0.05	3.96	0.28	1.98	0.25	7.78

注：禽粪便和尿液一起排出体外，没有单独的尿液；尿液由可利用N以尿液年平均养分总产量的50%计算，尿液可利用P_2O_5以尿液年平均养分总产量的90%计算。

由表4-2、表4-3得出单位存栏畜禽粪污产量，见表4-4。

表4-4　每头存栏动物年平均粪污养分可利用量

畜种	养分产量（千克/头·日）	养分含量（%）		养分总量（千克/头·日）		养分可利用量（千克/头·日）		养分比
		N	P_2O_5	N	P_2O_5	N	P_2O_5	N/P_2O_5
肉牛	41.6	0.59	0.24	89.64	36.50	58.22	32.85	1.77
猪	7.50	0.41	0.26	11.28	7.21	7.87	6.49	1.21
羊	3.85	0.91	0.27	12.78	3.81	9.03	3.34	2.63
蛋鸡	0.09	1.50	2.18	0.49	0.72	0.42	0.64	0.65

（3）农作物养分消耗量测算

以项目区种植业规划为基础，根据调整后的作物品种、种植结构和单产预测水平，计算出各类作物单位面积产量，依据单位作物产出后养分消耗量，测算全年养分消耗总量。

$$D= \sum E_i \times F_i$$

式中，E_i 为 i 作物的产量，F_i 为 i 作物单位产量养分消耗量。根据收获物以及经济产量的不同，常见大田作物、蔬菜和水果单位产量下的养分移走量、每公顷每季的养分移走量如表 4-5 所示。

表 4-5　不同作物每公顷每季的养分移走量

作物	收获物	养分移走量（千克 /100 千克）		目标经济产量（吨 / 公顷）	养分移走量（千克 /100 千克）		所需养分比
		N	P₂O₅		N	P₂O₅	N/P₂O₅
大田作物							
水稻	籽粒	2.17	0.95	10.5	227.85	99.75	2.28
黑麦草	全株	1.75	0.65	15	262.5	97.5	2.69
青贮玉米	全株	0.81	0.32	45	364.5	144	2.53
番茄	果实	0.24	0.17	67.5	164	118	1.4
花椰菜	花球	1.23	0.31	29.5	364	905	4
黄瓜	果实	0.34	0.1	67.5	229.5	64.5	3.6
茄子	果实	0.37	0.09	52.5	192	45	4.3
芹菜	全株	0.22	0.12	90	198	104.5	1.9
果茶							
茶	枝叶	2.22	0.82	6	133.2	49.2	2.7
葡萄	果实	0.60	0.3	16.1	96.4	48.2	2
梨	果实	0.59	0.14	13	76.9	18.3	4.2
桃	果实	0.48	0.2	17.6	84.4	35.2	2.4

对于作物每公顷每季的养分移走量，大田作物地、蔬菜地的养分移走量远高于园地。如果按作物每公顷每年的养分移走量计，应该计入各地的复种指数 A。

（4）种养平衡测算

根据表 4-4 中的每头存栏动物年平均粪污养分可利用量以及表 4-5 中常见作物每公顷每季的养分移走量，计算出每年每公顷不同作物所能承载的畜禽数量如表 4-6、表 4-7、表 4-8 所示。

表 4-6　洪湖市每公顷大田作物地每季可承载的畜禽数量（头 / 只）

大田作物	承载标准	肉牛	猪	羊	蛋鸡
水稻	基于 N	3.9	28.9	25.2	544.0
	基于 P_2O_5	3.0	15.4	29.1	154.8

表 4-7　洪湖市每公顷蔬菜地每季可承载的畜禽数量（头 / 只）

大田作物	承载标准	肉牛	猪	羊	蛋鸡
番茄	基于 N	2.8	20.8	18.2	391.6
	基于 P_2O_5	3.6	18.2	34.4	183.1
花椰菜	基于 N	6.3	46.2	40.3	869.1
	基于 P_2O_5	2.8	13.9	26.4	140.4
黄瓜	基于 N	3.9	29.2	25.4	547.9
	基于 P_2O_5	2.0	9.9	18.8	100.1
茄子	基于 N	3.3	24.4	21.3	458.4
	基于 P_2O_5	1.4	6.9	13.1	69.8
芹菜	基于 N	3.4	25.1	21.9	472.7
	基于 P_2O_5	3.2	16.1	30.5	162.1

表 4-8　洪湖市每公顷园地每季可承载的畜禽数量（头 / 只）

大田作物	承载标准	肉牛	猪	羊	蛋鸡
茶园	基于 N	2.3	16.9	14.7	318.0
	基于 P_2O_5	1.5	7.6	14.4	76.3
葡萄园	基于 N	1.7	12.2	10.7	230.2
	基于 P_2O_5	1.5	7.4	14.1	74.8
梨园	基于 N	1.3	9.8	8.5	183.6
	基于 P_2O_5	0.6	2.8	5.3	28.4
桃园	基于 N	1.4	10.7	9.3	201.5
	基于 P_2O_5	1.1	5.4	10.3	54.6
芹菜	基于 N	3.4	25.1	21.9	472.7
	基于 P_2O_5	3.2	16.1	30.5	162.1

　　整体看来，每公顷每季大田作物、蔬菜地可以承载的畜禽数量较多，园地较少。各地区可以作物地每季的原载力为基础，根据洪湖市实际的复种指数 A，计算出每公顷每年作物地承载的畜禽数量。

　　根据上述测算的单位面积作物产出养分消耗量和单个畜禽粪便养分可利用量结果，考虑到湖北东部各类作物复种指数和养分利用率，大致估算出单位面积农用地承载的畜禽数量。如表 4-9 所示。

表 4-9　洪湖市每公顷农用地全年承载的畜禽数量参考表

品种	大田农作物类	蔬菜类	果茶类
肉牛（头）	6~12	4~10	0.5~1.5
奶牛（头）	4~10	4~10	0.5~1.5
羊（只）	40~80	40~70	3~12
生猪（头）	25~50	20~40	3~10
蛋鸡（只）	280~450	200~400	20~80

注：假设大田农作物的复种指数为2、蔬菜复种指数为2、水果的复种指数为1。

由于上述计算假定畜禽粪尿中的 N、P_2O_5 完全被作物吸收，按照不同作物不同产量及其不同收获物时的养分需求量进行估算。但实际上施入农用地的畜禽粪尿除了被作物吸收利用以外，大部分养分（N 和 P_2O_5）会通过氮挥发、氮素的硝化和反硝化、硝态氮淋洗、地表径流等形式损失掉。对于氮来说，由于季节、施肥方式等因素，氨挥发、表观硝化—反硝化等方式在不同条件下损失程度不同；对于磷来说，由于磷肥易于在土壤中累积，其利用效率与施用量、是否首季施肥和土壤质地有关。如果考虑养分利用率，氮、磷的施用量应该是理论需求量的3~5 倍左右，农用地的畜禽承载力也相应增加。

一般而言，畜禽粪肥 N/P 比为 1.5：1 ~ 2：1，而作物摄取 N/P 比为 2：1 ~ 4：1。因此，以 N 为基础的施肥方案，P 会施用过量，以 P 为基础的施肥方案，N 会短缺，需要额外补充 N 肥。为了最大限度地保护耕地，避免土壤 P 产生富集，采用以 P 为基础的施肥方案。

3. 洪湖市畜禽养殖承载力

按表 4-10、4-11 的方法测算，若洪湖市产生的养殖粪污中的营养元素都能被这片区域的农作物完全消纳，理论可承载存栏量为 533.21 万头猪，而目前存栏量为 77.99 万头猪，远小于理论可承载量。也就是说：洪湖市实现 100% 的有机农业，化肥使用量降到 0，可以养 533 万头猪；现在已经存栏 80 万头猪（含牛、羊、鸡、鸭折算），占最大理论养殖承载力的 15%，如果 15% 的农田做到化肥零使用，用以循环养殖废弃物，实行有机农业，就不会有明显的养殖污染。事实上却做不到，美国有机农业面积占农田的比例最高，为 14.4%，德国只占 4.4%。洪湖市如果能减少 5% 的化肥使用量，在维持现有养殖环境质量的前提下，将可以增加 26.65 万头生猪养殖量。所以，洪湖市农田畜禽废弃物消纳能力比较大，如果从源头控制养殖重金属和抗生素等污染，畜禽养殖还有比较大的发展空间。

表 4-10 洪湖市畜禽存栏情况表

	肉牛（头）	生猪（头）	肉羊（只）	禽类（只）
存栏量	13309	427032	1878	8707500
换算系数	5	1	0.5	0.033
折合生猪当量（头）	64545	427032	939	287347
折合猪当量	779863			

表 4-11 洪湖市作物地理论承载量计算表

品种	承载标准（取中间值）	种植总面积（公顷）	可承载生猪量（万头）	可承载总生猪量（万头）
大田作物	37.5	96160	360.6	533.21
蔬菜水产	30	58750	172.5	
果茶	6.5	168	0.141	

第五章　SWOT 分析

一、分析构架

洪湖市农业面源污染防治是一项重大战略工程。与毗邻地区相比，洪湖市具备什么样的建设优势，有什么样的不足，有什么样的机会，会遇到什么挑战，这是必须回答的问题。

SWOT 分析又叫态度分析法，是一种内部分析方法。该方法是由美国旧金山大学的海因茨·韦里克（ H. Weihrich ）教授于 20 世纪 80 年代提出的，其中，S 代表 strength（优势），W 代表 weakness（弱势），O 代表 opportunity（机会），T 代表 threat(威胁)。从整体上看，SWOT 分析是指将研究对象的内部优势和劣势，外部机遇和威胁四大因素通过调查罗列出来，并按照一定次序排列成矩阵，运用系统分析的思想，把各种因素相互搭配起来加以分析，从而制定出相应战略的方法。其核心思想在于：抓住机遇，强化优势，避免威胁，弥补劣势。

优势、劣势、机会和威胁分析是在一定参照物下进行，参照物选取以区域相似、临近和内部可比性为原则，S、W、O、T 各因子选取的公证性可通过多层面评价得出。多层面评价分析由下式表示：

$$J_i = \frac{1}{n-2} \sum_{i=1}^{n} a_i M_i$$

式中，J_i 表示专家对 S、W、O、T 的某一参数 M 的评价值；M_i 表示去掉最高分和最低分后 S、W、O、T 的参数 M 的专家评分平均值；a_i 表示经验修正系数，n 是参加评价的专家人数。对不同 S、W、O、T 的参数进行逐一评价，就可得到的 S、W、O、T 的相关战略因素或因子相对重要性排序，从而确定组合分析基础。

通过内部条件和外部环境的分析找出 S、W、O、T 排序，构造出 SWOT 矩阵，进行 SWOT 战略交叉组合，按轻重缓急或影响程度形成 SO、ST、WO、WT 四大战略。

SWOT 分析最初被用在企业战略制定、竞争对手分析等场合。后来随着对其认识的深入，其应用范围延伸到产业群体、城市规划、区域经济乃至国家战略等领域。运用这个方法，有利于对组织所处情景进行全面、系统、准确的研究，有助于推出发展战略和计划以及与之相应的发展计划或对策，从而最大限度地发挥系统自身的优势，并充分利用各种发展机会，同时将系统劣势和来自外界的威胁减至最低。

对于洪湖市农业面源污染进行的 SWOT 分析，可以客观认识洪湖市生态循环农业发展的优势和弱势，正确认识当前面临的机遇和挑战，从而有利于其探索出适合自身发展的道路，化弱势为优势，化挑战为机遇，并提出未来发展的路径选择，对制定生态循环农业发展战略具有十分重要的意义。

二、优势分析

1. 地理区位良好

洪湖市地处湖北省中南部，江汉平原东南端。东南枕长江，与嘉鱼、赤壁和临湘隔江相望，西傍洪湖，与监利毗邻，北依东荆河，与汉南、仙桃接壤。洪湖市既是鄂西生态文化旅游圈的东南门户，也是武汉城市圈的"观察员"，同时处于湖北长江经济带的重要节点，天然独特的区位优势为洪湖市农业发展提供了生产和市场基础。

2. 生态地位重要

根据《全国生态功能区划（修编版）》，洪湖市属于九大功能区中"洪水调蓄功能区"的"I-05-03 长江洪湖—黄冈段湿地洪水调蓄功能区"。《湖北省生态功能区划》确定了洪湖市在湖北省承担着洪水调蓄的重要生态功能。《湖北生态省建设规划纲要（2014—2030 年）》将洪湖市划入湖北省 9 大重点生态功能区中的江汉湖群湿地恢复生态功能区，确定了以湿地恢复与保护为生态功能，退田还湿、退渔还湿、平垸行洪等主要任务。作为洪水调蓄与湿地恢复生态功能区，洪湖市严格保护国家级洪湖湿地自然保护区、国家级长江新螺段白鱀豚自然保护

区和其他生态环境敏感区，组织开展养殖围网整治，加强洪湖湿地自然资源增殖
与保护，恢复洪湖湿地生态功能，修复白鳍豚栖息的自然生态环境；加快水源涵
养区和河流两岸防护林建设，提高林地草植被质量；加强长江生态带、四湖干渠、
环湖地区、洪湖湿地、野生动植物栖息地生态保护与修复，维护生态系统的自然
演替；开展沿江、沿路、沿湖、沿渠和环城防护林带建设，加强新农村绿色家园
建设，实施"绿满洪湖"三年行动计划。近年来，上述生态环境保护与建设工作
的实施巩固了洪湖市在湖北省乃至全国的生态地位，为洪湖市推动农业面源污染
防治打下了工作基础。

3. 保护价值突出

洪湖市湿地资源丰富，坐拥两个国家级自然保护区——洪湖湿地自然保护区
和长江新螺段白鳍豚自然保护区。独特的地理和气候条件，孕育了洪湖市湿地丰
富的野生动植物资源，自然保护区内有维管束植物 472 种，浮游动物 379 种，鸟
类 138 种，国家一级保护动物 6 种，二级保护动物 13 种，省级保护动物 38 种，
是湿地生物多样性和遗传多样性重要区域，长江中游华中地区湿地物种"基因库"。

4. 农用土地丰富

洪湖市是全国粮食生产先进县（市），全市国土面积为 2519 平方千米，约
占全省总面积的 1.39%。其中农用地 261.5813 万亩，占国土面积的 69.23%。其
中耕地（含水田、旱地、菜地）115.7149 万亩，占 30.62%；园地 0.2584 万亩，
占 0.07%；林地 6.0745 万亩，占 1.61%；其他农用地 139.5335 万亩（含坑塘
108.5208 万亩、农用道路用地 6.1386 万亩），占 36.93 %。人均耕地面积 2.81 亩，
是湖北省平均水平（1.36 亩/人）的 2.1 倍。

5. 水利资源充沛

洪湖市是全国农田水利建设先进县（市）。地处"四湖"（长湖、三湖、白露湖、
洪湖）诸水汇归之地，因而成为具有江南地理特征的水网地区，素有"百湖之市""水
乡泽国"之称。主要河渠除南沿长江、北依东荆河外，区域内还有内荆河、"四湖"
总干渠、洪排河、南港河、陶洪河、中府河、下新河、蔡家河、老闸河等大小河
渠 113 条，总长度达 900 千米；千亩以上的湖泊 21 个。长江过境长度 135 千米；
东荆河 92 千米，为该河总长度的 53%；内荆河境内长 140.5 千米，占河道总长
的 39%；"四湖"总干渠市境内长 95.5 千米，占全渠总长度的 52%；洪排河市
境长约 67 千米，占该河道总长的 56%。洪湖是全国第七、湖北省第一大淡水湖，

为通江湖泊，现有面积 348.33 平方千米。洪湖市地表水资源为 19.10 亿立方米，占湖北省水资源总储量 1.9%，人均 2528 立方米，是湖北省人均水资源量（1732 立方米）的 1.46 倍。丰沛的水资源和相对发达的水利工程保障了洪湖在全国的农业地位。

6. 农业基础厚实

作为农业大市、水产之都，洪湖市依托特色资源优势，积极推动农业生产方式转变，已形成优质水稻、双低油菜、水生蔬菜、设施蔬菜、水产水禽五大优势产业。无公害农产品生产集成技术推广覆盖面大，农产品中无公害、绿色、有机农产品种植面积 98.08%；测土配方施肥技术得到大力推广，开展测土配方施肥占农作物种植面积的 60.9%；"一村一品""一镇一品"特色农业发展势头强劲，目前洪湖市已有 4 家全国一村一品示范村镇，包括螺山镇中原村——界豆、乌林镇赤林村——甲鱼，燕窝镇姚湖四村——莴苣和沙口镇——再生稻。

7. 水产养殖发达

洪湖市是中国淡水水产第一市（县），全市淡水养殖面积 87.7 万亩，年淡水产品总量 48.5 万吨左右，居全国县市第一。水产业产值占大农业比重、水产业为农民提供的纯收入占农民总收入的比重均超过 65%，居全省首位。全市已经形成 3 个水产专业乡镇和 8 个水产养殖大镇。以洪湖清水大闸蟹、德炎小龙虾为代表的一批洪湖水产品牌享誉国内外市场。"洪湖渔家"生态鱼品牌作为全省三大水产品牌正面向海内外推介。洪湖水产品加工园是湖北唯一的省级水产品加工示范园区，素有"鱼米之乡"和"人间天堂"的美誉。

8. 生态旅游兴旺

洪湖市是全国红色旅游工作先进县(市)，拥有湿地生态、红色旅游、三国文化、地热温泉等丰富的旅游资源。洪湖为全国第七、湖北第一大淡水湖泊，旅游开发潜力巨大。洪湖蓝田风景区是国家"4A"级旅游风景区，原瞿家湾农业产业化经济开发区经省政府批准更名为"湖北洪湖生态旅游度假区"，每年吸引众多游客。2011 年，洪湖旅游区（瞿家湾镇古街、蓝田生态园、悦兮·半岛温泉）荣获"灵秀湖北十大旅游新秀"称号。2015 年接待游客突破 377 万人次，总收入逾 21.87 亿元，旅游产业带动了金融、流通等服务行业的发展，逐渐成为洪湖市经济发展新的增长极。境内还有著名的三国乌林古战场和元末农民起义领袖陈友谅出生地黄蓬山等众多历史遗迹，发展潜力巨大。

9. 养殖潜力巨大

经测算，洪湖市产生的养殖粪污中的营养元素都能被这片区域的农作物完全消纳，理论可承载存栏量为 533.21 万头猪当量，而目前存栏量为 77.99 万头猪当量，远小于理论可承载量。也就是说，洪湖市实现 100% 的有机农业，化肥使用量降到 0，可以养 533 万头猪；现在已经存栏 80 万头猪（含牛、羊、鸡、鸭折算），占最大理论养殖承载力的 15%，如果 15% 的农田做到化肥零使用，用以循环养殖废弃物，实行有机农业，就不会有明显的养殖污染。事实上却做不到，美国有机农业面积占农田的比例最高，为 14.4%，德国只占 4.4%。未来如果能减少 5% 的化肥使用量，在维持现有养殖环境质量的前提下，将可以增加 26.65 万头生猪养殖量。所以，洪湖市农田畜禽废弃物消纳能力比较大，如果从源头控制养殖重金属和抗生素等污染，畜禽养殖还有比较大的发展空间。

三、劣势分析

1. 地表水质逐年恶化

河流的监测断面在四湖总干渠、东荆河共布设 3 个例行监测断面，分别是新滩断面、瞿家湾断面和汉洪大桥断面，2015 年四湖总干渠监测断面符合Ⅲ类标准的月份占全年监测月份的 33.3%，汉洪大桥断面水质达到Ⅲ类标准的月份比率为 50%。洪湖大湖共设 9 个监测断面，2013—2015 年洪湖 9 个监测断面中，符合Ⅱ类标准的断面占监测断面的比例分别为 44.4%、44.4% 和 0%。与 2013、2014 年相比，2015 年洪湖水质下降，主要超标项目为总磷、化学需氧量和高锰酸盐指数。

2. 农业污染负荷偏高

2015 年洪湖市主要污染物入河情况为化学需氧量 9515.15 吨，其中水产养殖污染所占比例最大，为 41%；其次是农业种植业污染，占 26%；最后是大气降尘和船舶（含湖上船民）等污染，占 8%。总氮入河 1943.34 吨，其中农业种植业 42%，水产养殖 18%，畜禽养殖 13%。总磷入河 251.9 吨，其中占比例最多的是分散式畜禽养殖占 32%，其次是水产养殖业占 30%，再次是农业种植业占 26%。氨氮入河 1218.96 吨，其中农业种植业为 51%，农村生活污水和水产养殖各占 12%，畜禽养殖 10%。也就是说，随着城市和工业污水处理率的提高，农村和农业污染已经成为洪湖市水污染物排放的"主力军"，农村和农业污染占据了进入河流湖泊污染物总量的88%，城镇和工业由于大部分具有污水处理设施，只贡献了12%的入河污染物。洪湖市第一大污染源为水产养殖产生的污染，占35%；其次为农业种植产生的面源污染，占31%；再次为畜禽养殖产生的污染及其他，各占8%；最后为农村生活污水产生的污染，占8%。

3. 化肥用量仍在高位运行

2015年，洪湖市施用化肥实物量为187056吨，单位施用量112.33千克/亩，折纯大约为24.20千克/亩，比全国平均水平（21.9千克/亩）高10.5%，远高于世界平均水平（每亩8千克），是美国的2.85倍，欧盟的2.77倍。由于超量施肥，致使化肥利用率低，氮肥、磷肥和钾肥利用率分别为32%、18%和35%。化肥面源污染主要表现在：（1）矿质肥料中重金属含量高于土壤本底。长期大量使用造成部分土壤重金属含量明显上升；（2）氮磷钾比例不协调，氮肥过量，造成肥料当季利用率不高，蔬菜、水果等农产品硝酸盐含量超标，品质下降；（3）设施栽培田块超量施用化肥，加之频繁灌溉，造成土壤次生盐渍化和地下水污染；（4）大量化肥通过农田径流流入江河，造成水体富营养化。

4. 农药减量进展缓慢

洪湖市使用农药按纯量计算，2015年3670吨，单位施用量为2.20千克/亩，高出全国平均水平0.3千克/亩，病虫害综合防治率70%。农药的长期大量使用，致使害虫抗药性愈来愈强，大量害虫天敌被杀灭，破坏了农田生态平衡和生物多样性，农药每亩平均用量逐年增加，造成农业面源污染。农药面源污染主要表现在：（1）在蔬菜、果树等农作物使用禁用农药造成农药残留超标，夏、秋季发生率较高；（2）施药器械和方法落后，大部分药液洒落于土壤表面，形成在土壤中农药残留；（3）用后农药瓶袋弃置于沟渠边、池塘旁或施药后雨水冲洗，部分农药污染水体。

5. 作物秸秆处理粗放

据调查测算，洪湖市2016年粮食作物秸秆产生总量为75万吨，其中禾本科粮食作物秸秆73.4万吨、油料豆类秸秆1.6万吨。其中，作为农村生活用能作燃料直接焚烧的秸秆约占30%；堆放在田间地头、随意抛弃的秸秆约占5%；作为饲料、肥料综合利用秸秆总量约占85%。随意焚烧秸秆造成严重的空气污染，有时还会引发山火。部分农户将秸秆长期弃置堆放或推入河沟，日晒、雨淋、沤泡引起腐烂，污染水体。

6. 畜禽养殖污染严重

据调查，2015 年末洪湖市生猪存栏 42.7 万头、牛存栏 13309 头、羊存栏 1878 只，家禽存笼 870.75 万羽，畜禽粪便的资源化处理率虽然已达 90%，但仍有 10% 未经过无害化处理，直接排入附近的沟渠、鱼塘，有 15% 左右的养殖场距居民水源地不足 50 米，50% 的养殖场距居民住房或水源地不足 200 米，给生活环境特别是水环境带来严重的污染和危害。

7. 水产养殖已经超载

2016 年洪湖市水产养殖总面积 116.6 万亩，淡水养殖产量 48.5 万吨。养殖方式以池塘养殖为主，排水方式有自流和机械排水两种情况。一些水产养殖户和规模化养殖场为了追求经济效益，大量投入饵料，利用各种废弃料和畜禽粪便作水产饲料，投饵量最多的草鱼高达 1000~1500 千克 / 亩，使水质严重恶化，这些水又直接排放于农田或沟渠，造成农业面源污染。

8. 环境容量消耗殆尽

经分析计算，长江洪湖段水环境容量化学需氧量为 818 吨 / 年，氨氮为 51 吨 / 年；东荆河洪湖段水环境容量化学需氧量为 578 吨 / 年，氨氮为 43 吨 / 年；四湖总干渠水环境容量化学需氧量为 84.8 吨 / 年，氨氮为 1 吨 / 年；内荆河水环境容量化学需氧量为 2849 吨 / 年，氨氮为 268 吨 / 年；洪湖水环境容量化学需氧量为 189 吨 / 年，氨氮为 54 吨 / 年；洪湖市化学需氧量环境承载力为 4518.8 吨 / 年，氨氮环境承载力为 417 吨 / 年。洪湖市洪排河、玉带河、南港河、陶洪河等渠道 90% 保证率最枯月平均流量近似为 0，理论上不能接纳污染物质。2015 年洪湖市化学需氧量入河量 9515.15 吨、氨氮入河量 1218.96 吨。两者相比较，洪湖市化学需氧量排放已远超过环境承载力，约为环境承载力的 2.1 倍，无剩余环境容量；氨氮排放量已达到环境承载力的 2.9 倍，无剩余环境容量。

9. 农业企业有待做强

洪湖市 107 家重点龙头企业中农副产品加工产值超 10 亿元的三家（中兴能源、德炎水产、宏业水产），超 1 亿元的 17 家，两者仅占重点龙头企业总数的 16.8%，省级农业产业化龙头企业年产值仍较低。龙头企业优势发挥方面，重点龙头企业与周边农业生产基地和农户合作性、紧密性和协调性程度较低，并未充分发挥引导和示范作用。

10. 生态理念亟待加强

根据调查，洪湖市"公众对生态文明建设的满意度"和"公众生态文明知识知晓度"分别为58.6%、72.6%，公众生态文明意识较为薄弱。

四、机遇分析

1. 生态文明建设机遇

随着生态文明建设的深入推进，绿色发展将成为农业农村经济的新引擎。习总书记强调，我们要继续推进生态文明建设，坚持节约资源和保护环境的基本国策，把生态文明建设放到现代化建设全局的突出地位，把生态文明理念深刻融入经济建设、政治建设、文化建设、社会建设各方面和全过程，从根本上扭转生态环境恶化趋势，确保中华民族永续发展，为全球生态安全做出我们应有的贡献。在推进长江经济带发展座谈会上，习总书记强调，长江经济带连接丝绸之路经济带和21世纪海上丝绸之路的重要纽带，推动长江经济带发展是国家一项重大区域发展战略，推动长江经济带发展必须从中华民族长远利益考虑，走生态优先、绿色发展之路，使绿水青山产生巨大生态效益、经济效益、社会效益，使母亲河永葆生机活力。洪湖市是传统的农业大市，主要生产粮棉油等大宗农产品，与国际市场相比，在成本与品质上都缺乏竞争力，农业增效、农民增收明显放缓。今年的省市一号文件核心内容都是加快推进农产品供给侧结构性改革，是荆州农业进一步优化产业体系、优化生产体系、优化经营体系，实现跨越式发展的重大战略机遇。按照"产出高效、产品安全、资源节药、环境友好"的原则，在落实"藏粮于地"、稳定提升粮食产能的前提下，充分发挥政府引导作用和市场配置资源的决定性作用，创新体制机制，大胆创新，主动作为，支持创业创新，因地制宜地加快农业结构调整，大力发展绿色高产高效农业、特色产业、设施农业、休闲农业、农产品加工业，调优品质、调高产值和调增效益，促进一、二、三产业融合发展。

2. 各级政府扶持机遇

近几年的"中央一号文件"都积极推进"三品一标"发展。湖北省"十二五"规划纲要中强调要加强生态建设。坚持保护优先和自然恢复为主，从源头遏制生态环境恶化趋势，大力实施生态修复工程，构筑国土生态安全格局，切实改善生态环境，构建长江中游重要生态屏障。湖北省农业发展"十三五"规划纲要指出，到 2020 年，基本实现"一控两减三基本"。主要农作物测土配方施肥技术推广覆盖率达到 95% 以上，主要农作物病虫害绿色防控覆盖率达到 30%，化学农药使用量进一步减少。农作物秸秆综合利用率达到 95% 以上，畜禽粪便无害化处理和资源化利用率达 85%。清洁能源入户普及率达到 45% 以上。各级政府为此设立了专项支持。

3. 食品安全市场机遇

民以食为天，食以安为先，随着三聚氰胺奶粉、添加瘦肉精的猪肉等一系列不合格甚至有毒害作用的食品问题频发，引发了人们对健康、安全、高品质食品的渴望。有机食品因为公认的绿色、纯天然、无污染、无农药残留、无添加而带来的健康和优质的保证，使其在广大消费者、特别是高收入群体中有着极高的人气和地位。湖北省人口较多，潜在消费群体的基数较高。

4. 消费升级社会机遇

随着生活水平的提升，人们对美好生活的向往与追求日益强烈。对"天蓝、水清、土净"等公共产品需求迫切，对中高端农产品、安全优质农产品以及差异化、个性化、特色性、功能性、休闲性等农业产品需求旺盛。消费升级换代，为发展生态农业、培育优质安全农业品牌、提高农产品价值创造了条件。消费升级换代所创造的商机也吸引社会资本、工商资本以及各类精英人才进入农业领域，也必将促进农业各要素的优化配置，提升资源利用效率；也有利于培育新的产业，形成新的业态，为农业发展注入新活力，从而推进农业生态文明建设和农业可持续发展。

五、挑战分析

1. 必须建立生态文明体制

农业面源污染防治依靠生态文明理念和制度体系。生态文明建设是一项全新的系统性工程，没有现存的经验与模版，需要先行先试。按照国务院《生态文明体制改革总体方案》要求，加快构成的产权清晰、多元参与、激励约束并重、系统完整的自然资源资产产权制度、国土空间开发保护制度、空间规划体系、资源总量管理和全面节约制度、资源有偿使用和生态补偿制度、环境治理体系、环境治理和生态保护的市场体系、生态文明绩效评价考核和责任追究制度等生态文明制度体系，推进生态文明领域治理体系和治理能力现代化，努力走向社会主义生态文明新时代。

2. 必须解决发展与保护的矛盾

洪湖市是国家重要的农产品生产基地，为保证农产品安全有效供给与社会稳定发展做出了突出贡献，农业地位重要，工业基础薄弱，产业发展不协调，税收来源少，在生态修复与环境保护上主要依赖转移支付与财政支持，发展和保护的矛盾比较突出。在物质短缺时代，由于不合理围垦，导致自然湿地面积大量减少，调源能力减弱，富营养化现象严重，生物多样性遭到破坏，湿地生态功能退化。修复湿地生态功能、退渔还湖工作量大、经费压力大。洪湖作为粮棉油、畜禽、水产等大宗农产品生产区面临着农产品价格"天花板"效应和生产成本"地板"升高双重挤压，农业增效、农民增收放缓，打击农民生产积极性。农业兼业化、农民老龄化、农村空心化加剧，低效益的农业对面源污染防治缺乏能力。

3. 必须依靠科技进步

首先政府涉农部门科技服务能力有待加强。以农业技术推广体系为例，县级及以下基层农技推广服务人员里面中级职称以上仅占35.3%，接近61%的农技推广人员年龄在45岁以上，人员结构不合理，年龄偏大问题突出。乡镇农技推广人员以钱养事为主体，处于"无编制、无地位、无保障"三无状态，县乡两级机构处于"缺编制、缺人员、缺经费"三缺状态。其次农民专业合作社、专业服务公司、企业等经营性环保科技供给主体较少，行业协会、商会等社会性组织更少。

4. 必须加强基础建设

随着工业化和城镇化快速发展，农村土地、劳动力和资金三大要素和非农领域转移的速度将呈现持续加快趋势。耕地规模经营小、细碎化，农业集约化生产和规模化经营难以实行。农村青壮年劳动力大规模向城镇转移，现代农业迫切需要人才与农村人力资源外流的矛盾加深，农业劳动力供求呈现总量过剩与结构性、区域性短缺并存的形态。与此同时，由于农业效益低、农村产业发展基础差，金融和社会资本对农业的投资在短期内难有根本提升，不利于农业农村生产要素积累和改善。现有农田水利、渔业等基础设施老化失修，抗自然风险能力弱。稻田综合种养设施设备不配套。机耕道建设和维护与农机通行作业标准不匹配，全市有 18% 的耕地机耕道宽度在 1.5 米以下或无机耕道，大中型农业机械无法进入田间作业。农业机械动力主机与配套机具比例仅为 1∶1.4，远低于发达国家的 1∶6 的比例，制约了农业机械化率的提高；现有机械中小型机械偏多，小型机械又主要分布在散户中，机具利用率低，造成了一定的资源浪费。

第六章　目标、指标和战略

一、总体思路

　　坚持转变发展方式、推进科技进步、创新体制机制的发展思路，把转变农业发展方式作为防治农业面源污染的根本出路，促进农业发展由主要依靠资源消耗向资源节约型、环境友好型转变，走产出高效、产品安全、资源节约、环境友好的现代农业发展道路。把推进科技进步作为防治农业面源污染的主要依靠，提升农业科技自主创新能力，坚定不移地用现代物质条件装备农业，用现代科学技术改造农业，全面推进农业机械化，加快农业信息化步伐，加强新型职业农民培养，努力提高土地产出率、资源利用率和劳动生产率。把创新体制机制作为防治农业面源污染的强大动力，培育新型农业经营主体，发展多种形式适度规模经营，构建覆盖全程、综合配套、便捷高效的新型农业社会化服务体系，逐步推进政府购买服务和第三方治理，探索建立农业面源污染防治的生态补偿机制。

二、目标、指标

1. 目标

　　力争到2020年农业面源污染加剧的趋势得到有效遏制，实现"一控两减三基本"。"一控"，即严格控制农业用水总量，大力发展节水农业，农田灌溉水有效利用系数达到0.55；"两减"，即减少化肥和农药使用量，实施化肥、农药零增长行动，确保测土配方施肥技术覆盖率达90%以上，农作物病虫害绿色防控覆盖率达30%以上，肥料、农药利用率均达到40%以上，主要农作物化肥、农药使用量实现零增长；"三基本"，即畜禽粪便、农作物秸秆、农膜基本资源化利用，大力推进农业废弃物的回收利用，确保规模畜禽养殖场（小区）配套建设废弃物处理设施比例达75%以上，秸秆综合利用率达85%以上，农膜回收率达80%以上。农业面源污染监测网络常态化、制度化运行，农业面源污染防治模式和运行机制基本建立，农业资源环境对农业可持续发展的支撑能力明显提高，农业生态文明程度明显提高。

2. 指标

围绕面源污染综合控制、流域水生态环境根本改善的核心目标，与国家相关文件对接，并与荆州市和洪湖市已有相关规划确定的指标值充分衔接，形成了洪湖市农业面源污染防治规划指标体系（见表6-1）。

表6-1　洪湖市农业面源污染防治规划指标体系

指标类别		指标名称及单位	现状水平（2016年）	规划期（2020年）	展望期（2025年）	指标属性
一控	1	农田灌溉系数	0.499	≥ 0.53	0.55	约束性
	2	村镇饮用水卫生合格率（%）	90.1	100	100	约束性
	3	城镇污水处理率（%）	72	≥ 80	≥ 90	预期性
两减	4	化肥施用总量（折纯，吨）	56876	≤ 54032	≤ 51330	约束性
	5	农药施用（总量）	3670	≤ 3486	≤ 3312	约束性
	6	化肥施用强度（千克/公顷）	363.12	≤ 225	≤ 200	预期性
	7	测土配方施肥面积覆盖率（%）	78.74	≥ 90	100	约束性
	8	农作物病虫害绿色防控覆盖率达%	5.53	≥ 30	≥ 40	约束性
	9	无公害、绿色、有机农产品基地占耕地面积比例（%）	98.1	≥ 99	≥ 99	预期性
三基本	10	集约化畜禽养殖场（区）粪便综合利用率（%）	50.0	≥ 85	≥ 90	约束性
	11	畜禽养殖场（小区）配套建设废弃物处理设施比例（%）	45.0	≥ 75	≥ 80	约束性
	12	秸秆综合利用率（%）	92.0	≥ 95	≥ 100	约束性
	13	农膜回收率（%）	—	≥ 80	≥ 90	约束性
	14	生活垃圾无害化处理率（%）	82.0	≥ 85	≥ 90	预期性
特色	15	水质达到或优于Ⅲ类比例	50.0	≥ 80	≥ 85	预期性
	16	农村卫生厕所普及率（%）	55.22	≥ 90	≥ 95	预期性
	17	生态环境状况指数（%）	58.08	≥ 59	≥ 60	预期性
参与	18	党政领导干部参加生态文明培训的人数比例（%）	100	100	100	预期性
	19	公众对生态文明的满意度（%）	58.6	≥ 80	≥ 90	预期性

三、指标的分析

1. 农田灌溉系数

指标解释：指田间实际净灌溉用水总量与毛灌溉用水总量的比值。毛灌溉用水总量指灌溉季节从水源引入的灌溉水量；净灌溉用水总量指在同一时段进田间的灌溉用水量。

考核标准：该指标为约束性指标，国家要求农田灌溉水有效利用系数≥ 0.53。

计算方法：农田灌溉水有效利用系数 = 净灌溉用水总量（立方米）/ 毛灌溉用水总量（立方米）

现状分析：2015 年有效农田灌溉面积为 962907 亩，水田、水浇地等农田灌溉用水量为 3.627 亿立方米。根据《2015 年洪湖市农田灌溉用水有效利用系数测算分析成果报告》，2015 年全市农田灌溉水有效利用系数为 0.499。

可达性分析：造成洪湖市农田灌溉水有效利用系数偏低的主要原因是全市目前仍有约 50 万亩农田采用传统的地面沟灌、畦灌、漫灌等灌溉方式，严重与《全国节水灌溉发展"十二五"规划》和《大型灌区续建配套和节水改造"十二五"规划》相违背，造成水资源严重浪费。《洪湖市国民经济和社会发展第十三个五年发展规划纲要》指出，"十三五"期间洪湖市要贯彻落实最严格水资源管理制度，建立水资源开发利用、用水效率、水功能区限制纳污"三条红线"，重点实施沿湖灌区、隔堤大型灌区续建配套与节水工程，摒弃传统的灌溉方式，采用渠道防渗、管道输水等田间节水灌溉工程，减少输水损失。通过建立一批节水型灌区，逐步推广节水农业技术，提高农民节水意识。同时加强灌溉管理，改进灌溉制度，提高水资源利用效率。通过以上措施的全面实施，到 2020 年该项指标有望能够达到考核标准。

2. 村镇饮用水卫生合格率

指标解释：村镇饮用水卫生合格率是指辖区农村地区以自来水厂或手压井形式取得合格饮用水的人口占总人口的比例。雨水收集系统和其他饮水形式的合格与否需要经检测确定。

考核标准：该指标为约束性指标，国家要求 100% 达标。

计算方法：

$$村镇饮用水卫生合格率 = \frac{取得合格饮用水的农村人口数（人）}{农村人口总数（人）} \times 100\%$$

现状分析：2015 年，洪湖农村安全饮用水监测点 18 个，监测项目为《生活饮用水卫生标准》（GB5749—2006），除放射性指标外的 35 项常规指标，涵盖微生物指标、毒理指标、感官等各项内容。根据 2015 年监测结果显示，洪湖市农村安全饮水工程水质监测合格率为 90.1%，不合格的原因为浑浊度、余氯（二氧化氯）、菌落总数超标。

可达性分析：根据《洪湖市水生态文明建设规划》，规划期内全市将开展水源置换、饮水安全提升工程，完善乡镇村组供水网管建设，同时开展水质监测系统工程建设，分别在东荆河流域和长江流域设立水质监测点，实时监测水源水质状况，保障全市供水安全，该项指标有望达标。

3. 城镇污水处理率

指标解释：城镇污水处理率是指县城及城镇建成区经过污水处理厂或其他污水处理设施（土地、湿地处理系统等）处理，且达到排放标准的排水量占县城及城镇建成区污水排放总量的百分比。

考核标准：该指标为约束性指标，国家要求城镇污水处理率达到 80%。

计算公式：

$$城镇污水处理率 = \frac{\begin{matrix}污水处理厂 \\ 排放处理量\end{matrix} + \begin{matrix}其他污水处理设施达标排放量 \\ （土地及湿地处理系统等）\end{matrix}}{城镇建成区污水排放总量} \times 100\%$$

现状分析：目前洪湖市中心城区生活污水处理率为 85%，但乡镇污水处理率较低，仅为 60%，城镇污水平均处理率约 72%。现有 9 座乡镇污水处理厂中，仅万全镇、峰口镇、沙口镇污水处理厂正常运行，汊河镇、瞿家湾镇、曹市镇、戴家场镇等 6 家污水处理厂均未正常运行，导致排放废水水质超标。乡镇生活污水无法进行集中处理是造成该项指标无法达标的主要原因。

可达性分析：进行现有乡镇污水处理厂整改工程。汊河镇、瞿家湾镇、曹市镇等乡镇污水处理厂无法正常运行的原因主要有两点：一是乡镇污水管网设计不够合理可行。由于洪湖市处于平原地区，受地势影响污水管网污水收集率较低，全市乡镇污水处理厂污水受理率仅 60%。二是高运营成本。在污水处理厂每日污水处理量较低、远未达到设计处理量的情况下，出于经济效益考虑，部分乡镇污水处理厂选择关停污水处理设施。因此，应尽快对现有9座乡镇污水处理厂的污水管网进行更新改造，加大污水管网覆盖范围。

开展其他乡镇污水处理厂新建工程。"十三五"期间，洪湖市将新建滨湖办事处、大同湖管理区、燕窝镇、龙口镇等8个乡镇污水处理厂，届时将大幅度提高乡镇污水处理率。到2020年，城镇污水处理率有望达到80%。

4. 化肥施用总量

指标解释：指本年内实际用于农业生产的化肥数量，包括氮肥、磷肥、钾肥和复合肥。化肥施用量要求按折纯量计算数量。折纯量是指把氮肥、磷肥、钾肥分别按含氮、含五氧化二磷、含氧化钾的百分之百成分进行折算后的数量。复合肥按其所含主要成分折算（见表6-2）。

考核标准：该指标为约束性指标，国家要求2020年之前至少零增长，洪湖市为降低5%。

现状分析：2015年，洪湖市农用化肥施用实物量187056吨，其中氮肥81183吨，磷肥52853吨，钾肥18146吨，复合肥34874吨。按折纯量计算，洪湖市农用化肥施用折纯量56876吨，其中氮肥23453.76吨，磷肥11537.81吨，钾肥6260.37吨，复合肥15623.55吨。

可达性分析：化肥零增长是国家强制性的战略，四湖流域是国家和湖北省农业面源污染的重点控制区，预计洪湖市化肥零增长可以达标。但如果要达到2020年之前降低5个百分点，还有很多工作要做。

表6-2　各种化肥折纯量参考计算表

化肥种类	有效成分含量%			平均折纯率（%）	每100千克实物量折纯量（千克）
	氮（N）	磷（P_2O_5）	钾（K_2O）		
一、氮肥					
硫酸铵	20~21			20	20
碳酸氢铵	17~18			17	17
尿素	46			46	46
液体氨	82			82	82
氨水	15~17			16	16
氯化铵	22~25			23	23
硝酸钠	15~16			15	15
石灰氮	19~23			21	21
其他氮肥				20	20
平均				28.89	28.89

化肥种类	有效成分含量 %			平均折纯率（%）	每100千克实物量折纯量（千克）
	氮（N）	磷（P$_2$O$_5$）	钾（K$_2$O）		
二、磷肥					
过磷酸钙		14~20		17	17
钙镁磷肥		14~19		17	17
磷矿粉		10~30		20	20
重过磷酸钙		40~52		46	46
钢渣磷肥		5~18		11	11
其他磷肥				20	20
平均				21.83	21.83
三、钾肥					
氯化钾			50~60	55	55
硫酸钾			48	48	48
窑灰钾肥			10~20	15	15
其他钾肥				20	20
平均				34.50	34.50
四、复合肥					
磷酸铵	14~18	46~50		64	64
磷酸一铵	11~13	51~53		64	64
磷酸二铵	16~18	46~48		64	64
硝酸钾（火硝）	13	46		59	59
化肥种类	有效成分含量 %			平均折纯率（%）	每100千克实物量折纯量（千克）
	氮（N）	磷（P$_2$O$_5$）	钾（K$_2$O）		
磷钾复合肥		11	3	14	14
氮磷钾复合肥	10	10	10	30	30
硫磷铵	16	20		36	36
磷酸二氢钾	50	30		80	80
铵磷钾肥（1）	12	24	12	48	48
铵磷钾肥（2）	10	20	15	45	45
铵磷钾肥（3）	10	30	10	50	50
硝酸磷肥	20	20		40	40
硝磷钾肥	10	10	10	30	30
氢化过磷酸钙	2~3	14~18		18	18
平均				44.80	44.80

5. 农药施用总量

指标解释：指本年内实际用于农业生产的农药总量。

考核标准：该指标为约束性指标，国家要求 2020 年之前至少零增长，洪湖市为降低 5%。

现状分析：洪湖市农药施用量总体呈下降趋势，2015 年为 3670 吨。

可达性分析：2012 年，洪湖市农药施用量为 3994 吨，到 2015 年为 3670 吨，总体降低 8.11%，平均每年降低 2.7 个百分点。以现有速度，削减 5% 的农药使用总量是可以完成的。

6. 化肥施用强度

指标解释：化肥施用强度是指本年内单位面积耕地实际用于农业生产的化肥数量。化肥施用量要求按折纯量计算。折纯量是指将氮肥、磷肥、钾肥分别按含氮、含五氧化二磷、含氧化钾的百分之百成分进行折算后的数量。

考核标准：该指标为预期性指标，国家要求化肥使用强度控制在 225 千克/公顷。

计算公式：$化肥施用强度 = \dfrac{当年全市化肥施用总量}{当年播种面积}$

现状分析：2015 年洪湖市农作物播种面积 2349463 亩，折合 156631 公顷，农作物化肥使用总量折纯为 5876 吨。化肥施用强度为 363.12 千克/公顷。

可达性分析：化肥施用强度由 363.12 千克/公顷降为 225 千克/公顷，相当于要降低 61%，是一项十分艰巨的工作。

7. 测土配方施肥面积覆盖率

指标解释：以土壤测试和肥料田间试验为基础，根据作物需肥规律、土壤供肥性能和肥料效应，在合理施用有机肥料的基础上，提出氮、磷、钾及中、微量元素等肥料的施用数量、施肥时期和施用方法。

考核标准：该指标为约束性指标，按照《测土配方施肥技术规范》（2011 年修订版）进行测土配方施肥的面积覆盖率达到 90%。

现状分析：洪湖市是湖北省测土配方施肥县（市）之一，近两年按照省市要求狠抓落实，推广测土配方施肥 370 万亩。平均每年 185 万亩，占 2015 年农作物播种面积（234.96 万亩）的 78.74%。

可达性分析：根据《洪湖市人民政府办公室关于印发洪湖市水污染防治行动计划工作方案的通知》（洪政办发〔2016〕34 号），到 2020 年，全市测土配方施肥技术推广覆盖率达到 90% 以上，有机化肥利用率提高到 40% 以上，是容易达标的。

8. 农作物病虫害绿色防控覆盖率

指标解释：采取生态控制、生物防治、物理防治、科学用药等环境友好型措施来控制有害生物的农作物播种面积比例。

考核标准：该指标为约束性指标，国家要求 2020 年达到 30%。

现状分析：洪湖市常年在全市共推广频振式、太阳能杀虫灯 1000 盏，建立机防队 37 个，已建成 3 个水稻绿色防控示范区，形成核心示范面积 4500 亩，辐射面积达 10 万亩，另外在水生蔬菜和棉花采用生物防治的约有 3 万亩。

可达性分析：属于难达标指标，需重点突破。

9. 无公害、绿色、有机农产品基地占耕地面积比例

指标解释：有机、绿色、无公害农产品种植面积的比重是指辖区内有机食品、绿色食品、无公害农产品种植面积占农作物种植总面积的比例。如涉及水产品养殖，其养殖水面面积计入种植总面积。有机食品、绿色食品、无公害农产品按国家有关认证规定执行。

考核标准：该指标为约束性指标，国家要求达到 50%。

计算公式：

$$\text{有机、绿色、无公害农产品种植面积的比重} = \frac{\text{有机、绿色、无公害农产品种植面积（亩）}}{\text{农作物种植总面积（亩）}} \times 100\%$$

考核标准：该指标为预期性考核指标，国家要求有机、绿色无公害农产品种植面积的比重 ≥ 55%。

现状分析：截至 2015 年，全市经过认证的"三品一标"数量 113 个，包括 82 个无公害食品、24 个绿色食品、3 个有机食品和 4 个农产品地理标志产品。2015 年洪湖市农作物总播种面积 234.95 万亩，其中约 90% 的农产品种植面积通过无公害产地认定，无公害农产品种植面积达 211.46 万亩；绿色农产品包括绿色大米、洪湖藕带等，种植面积约 18 万亩；有机农产品主要为洪湖界牌大豆，种植面积约 1 万亩。综合以上，全市有机、绿色、无公害农产品种植面积约 230.4 万亩，占农产品播种面积的 98.08%，是全省"三品一标"覆盖率最高的县市之一。

10. 集约化畜禽养殖场（区）粪便综合利用率

指标解释：畜禽养殖场粪便综合利用率是指辖区内畜禽养殖场通过还田、沼气、堆肥、培养料等方式综合利用的畜禽粪便量占畜禽粪便产生总量的比例。

考核标准：该指标为约束性考核指标，国家要求畜禽养殖场粪便综合利用率≥85%。

计算公式：

$$畜禽养殖场粪便综合利用率 = \frac{综合利用的畜禽粪便量（吨）}{畜禽粪便产生总量（吨）} \times 100\%$$

现状分析：根据《2015年洪湖市统计年鉴》，2015年全市规模化养殖场324家，其中生猪规模化养殖场219家，肉牛规模化养殖场3家，家禽规模化养殖场100家，肉羊养殖场2家。以新农村建设为契机，大力发展"150"健康畜禽养殖模式，以戴家场绿生万头养猪场、乌林四屋门养猪场等为龙头的规模化养殖发展势头良好。2015年，全市畜禽排泄粪便总量240万吨，其中规模化养殖场排泄总量71万吨，全市畜禽养殖场粪便综合利用率为50%。洪湖市畜禽养殖场粪便综合利用方式主要有以下几种：规模化生猪养殖场主要采用的沼气、生物发酵床、污水深度处理、粪便堆积发酵等措施，发酵池沼液用于农渔业生产；规模化肉牛养殖场采用干清粪方式，粪便堆积发酵还田方式；规模化肉禽养殖场主要采用干清粪方式，粪便堆积发酵用作农田化肥或有机肥生产原料，冲洗污水收集后进行厌氧处理。是需要重点突破的指标。

可达性分析："十三五"期间，养殖量与规模化养殖场增加，加上粪污还田能力不足，导致养殖粪污在一定范围内相对增多，对养殖场周边的环境质量带来严峻考验。为防治畜禽养殖污染，推进畜牧业结构调整，洪湖市制定了《洪湖市畜牧业"十三五"总体规划》和《洪湖市畜禽养殖区域划分及管理暂行办法》，以全面推动全市畜牧业现代化、规模化、安全化、生态化建设进程。

根据畜牧业"十三五"总体规划，到2020年，全市猪、牛、羊、禽的出栏量分别达到120万头、1万头、2万只和1000万只，规模化养殖场比重分别达到85%、50%、70%和80%以上，标准化养殖比重达到75%以上；"十三五"期间，全市将逐场逐户制订畜禽养殖排泄物和污水整改治理措施，严格要求市域范围内的畜禽养殖场按照"雨污分流""干清粪"的标准进行基建改造，鼓励采用畜禽—沼—稻（果、林、菜、渔）的生态养殖模式，实现养殖排泄物资源化利用。

根据《洪湖市畜禽养殖区域划分及管理暂行办法》，全市将畜禽养殖区域划分为禁养区、限养区和适养区。禁养区内严禁新改扩建各类畜禽养殖场，区内现有养殖场要限期搬迁或关闭；限养区内实行畜禽养殖存栏总量控制，现有的养殖场要进行标准化建设，不得设置养殖废水排放口或溢流口，确保实现污染物达标排放或综合利用，未实现达标排放的养殖场，由乡镇人民政府责令限期整改或强制关闭。适养区内的养殖场要依法进行环境影响评价并建设污染防治配套设施。

通过进一步优化畜禽养殖业布局、推进全市畜禽养殖场粪污治理和大力推广生态种养模式，该指标有望达到省和国家考核标准。

11. 畜禽养殖场（小区）配套建设废弃物处理设施比例

指标解释：畜禽养殖场、养殖小区根据养殖规模和污染防治需要，建设相应的畜禽粪便、污水与雨水分流设施，畜禽粪便、污水的贮存设施，粪污厌氧消化和堆沤、有机肥加工、制取沼气、沼渣沼液分离和输送、污水处理、畜禽尸体处理等综合利用和无害化处理设施。已经委托他人对畜禽养殖废弃物代为综合利用和无害化处理的，可以认定具备综合利用和无害化处理设施。

考核标准：该指标为约束性指标，国家要求 2020 年达到 75%。

现状分析：目前，洪湖市畜禽养殖场中规模化养殖场均对粪便进行了处理，但达到建设标准（畜禽粪便、污水与雨水分流设施，畜禽粪便、污水的贮存设施全覆盖）的规模化畜禽养殖场仅占 45%，大多数养殖场的废弃物处理设施亟待规范与完善。

可达性分析：根据《洪湖市人民政府办公室关于印发洪湖市水污染防治行动计划工作方案的通知》（洪政办发〔2016〕34 号），2016 年底前，完成全市禁养区、限养区、适养区划定；2017 年底前，依法关闭或搬迁禁养区内的畜禽养殖场（小区）和养殖专业户。重点开展畜禽养殖清粪方式改造，散养密集区要实行畜禽粪便污水分户收集、集中处理利用。现有规模化畜禽养殖场（小区）要配套建设粪便污水贮存、处理、利用设施。因地制宜推广畜禽粪污综合利用技术，规范和引导养殖废弃物资源化利用。自 2017 年起，所有新建、改建、扩建规模化畜禽养殖场（小区）实施雨污分流、粪便污水资源化利用。到 2020 年，畜禽规模化养殖场粪便利用率达到 85% 以上，全市 85% 以上的规模化畜禽养殖场配套完善粪污贮存设施，30% 以上的养殖专业户实施粪污集中收集处理和利用。如果此方案得到落实，本指标可以达标。

12. 秸秆综合利用率

指标解释：秸秆综合利用率指综合利用的秸秆数量占农作物秸秆总量的比

例。秸秆综合利用的主要出路是五料化，即肥料化、饲料化、原料化、基料化、燃料化。

考核标准：该指标为约束性指标，国家要求秸秆综合利用率≥95%。

计算公式：

$$秸秆综合利用率 = \frac{综合利用秸秆总量}{农村秸秆总量} \times 100\%$$

现状分析：根据农业局提供的统计数据，2015年洪湖市秸秆总量约110万吨，其中水稻秸秆53.5万吨，占总量的48.6%；小麦秸秆15.2万吨，占13.8%；油菜秸秆8.2万吨，占7.5%；玉米秸秆7.5万吨，占6.8%；棉花秸秆9.1万吨，占8.3%；其他16.5万吨，占15%。2015年，洪湖市秸秆综合利用量101.2万吨，采取的综合利用途径主要为肥料化、饲料化、燃料化、原料化和基料化，其中通过粉碎还田的秸秆占65%，用作畜牧养殖饲料的秸秆量占总利用量的22%，用作生物燃料的秸秆量占8%，剩余5%用于食用菌基料。综合利用率92%。

可达性分析：自2013年以来，洪湖市开始大力实施禁止秸秆焚烧工作，现已取得初步成效。目前，洪湖市在全市范围内大力推广秸秆肥料化、燃料化、饲料化等综合利用途径，广泛开展宣传教育，为秸秆综合利用提供技术支撑的同时，营造舆论范围，提高农民环境保护意识，杜绝秸秆露天焚烧的发生。根据《洪湖市十三五环境保护规划》，"十三五"期间洪湖市将加快全市秸秆综合利用，实行全区域禁止露天焚烧秸秆，尤其重点加强高速公路及重要敏感区域的监测和执法；到2020年，全市480个行政村都将建设秸秆回收利用点，届时将极大提高农作物秸秆收集处理率。同时，大同湖管理区梦缘生物颗粒燃料厂正在积极筹建中，将填补东部地区无秸秆综合利用加工企业的空缺，加之农村秸秆回收利用点的建成，将大幅度提高全市秸秆综合利用率，该指标较容易达到考核标准。

13. 农膜回收率

指标解释：指本年内实际回收的农膜。农膜回收以棉花、玉米、马铃薯为重点作物，以加厚地膜应用、机械化捡拾、专业化回收、资源化利用为主攻方向，推进农膜回收，提升废旧农膜资源化利用水平，防控"白色污染"。

考核标准：该指标为约束性指标，国家要求2020年达到80%。

现状分析：覆膜栽培技术自20世纪70年代被引入中国后，由于实现了土壤控温保墒，在干旱地区具有显著的增产效果，现已成为我国旱作农业的一项核心技术。洪湖市 2015 年农用塑料薄膜使用量 304.52 吨，其中地膜使用量 214.19 吨，地膜覆盖面积 101483 亩，占当年农作物播种面积的 4.32%。

可达性分析：属于难达标指标，需重点突破。洪湖市虽然地膜使用量不大，但主要是难回收的地膜，主要是厚度在 0.008 毫米及以下的所谓超薄地膜。这种地膜延展性差，老化快，有的甚至不到收获季就会破损。大点的残膜可以用钉刺耙、铁叉等工具清理，太薄太小的就只能手工捡拾。在不少地方，地膜被风化成指甲盖大小，根本无法回收。要保证农民不使用超薄地膜的最有效办法就是提高厚度国标，让超薄地膜彻底退出市场。

14. 生活垃圾无害化处理率

指标解释：生活垃圾无害化处理率指生活垃圾无害化处理量占垃圾产生量的比值。

考核标准：该指标为预期性指标，湖北省要求生活垃圾无害化处理率 ≥ 85%。

计算公式：

$$\text{生活垃圾无害化处理率} = \frac{\text{生活垃圾无害化处理量（吨）}}{\text{生活垃圾产生量（吨）}} \times 100\%$$

现状分析：2014 年，城区生活垃圾产生量 5.47 万吨，城区垃圾收集后经垃圾运输车运送至垃圾中转站，最终统一运往螺山镇联合村的生活垃圾填埋场进行无害化处理。目前城区生活垃圾无害化处理率为 85%，各集镇生活垃圾无害化处理率仅 81%，总体约 82%。

可达性分析：根据《洪湖市"十三五"环境保护规划》，洪湖市将于 2017 年在城区开工建设垃圾焚烧厂，同时新建 5 座垃圾中转站，并逐步建立"户分类、村收集、镇运输、市统筹处理"的垃圾处理模式，将全市各镇（街）的生活垃圾纳入垃圾焚烧厂的处理范围，提高城镇生活垃圾无害化处理率，为生活垃圾的无害化处理和资源化利用找到新途径。

15. 水质达到或优于 Ⅲ 类比例

指标解释：指辖区内主要监测断面水质达到或优于 Ⅲ 类水的比例，执行《地表水环境质量标准》（GB3838—2002）。

考核标准：该指标为预期性指标，要求区域水环境质量不降低并达到考核目标；湖北省要求辖区地表水水质达到或优于 Ⅲ 类水 ≥ 80%。

现状分析：洪湖市地表水监测断面包括 3 个河流监测断面和 9 个洪湖大湖监

测断面，河流监测断面包括新滩断面、瞿家湾断面和汉洪大桥断面，洪湖大湖监测断面包括湖心、蓝田、排水闸、小港、湖心B、下新河、杨柴湖、桐梓湖和小港R3断面。2015年，主要河流的3个监测断面中，水质符合Ⅲ类标准的断面0个，水质较差符合Ⅳ类标准的断面3个，占总监测断面的100%。3个河流监测断面均执行功能区Ⅲ类标准，水质达标率为0%。与2014年相比，主要河流水质总体下降。2015年，洪湖大湖的9个监测点位中，水质达到Ⅱ类标准的断面0个，水质达到Ⅲ类标准的断面6个，水质达到Ⅳ类标准的断面3个。洪湖大湖执行Ⅱ类水质标准，功能区水质达标率为0%。与2014年相比，洪湖大湖水环境质量总体下降。因此，2015年全市12个地表水监测断面中，水质符合Ⅱ～Ⅲ类标准的断面共计6个，占监测断面总数的50%，是需要重点突破的指标。

可达性分析：规划期内，洪湖市将继续开展"三污同治"综合治理工作，贯彻落实《洪湖市水污染防治行动计划工作方案》。重点通过实施碧水工程、控制重点污染源工业废水排放、完善农村生活污水处理设施、推进水生态环境整治和修复、优化调整产业结构与布局、清理整改环境保护违法违规建设项目等方面展开水污染防治工作，改善洪湖市地表水环境质量。同时，荆州、洪湖市委、市政府领导高度重视湖泊生态环境保护工作，现已成立洪湖生态环境保护试点工作专班，并制定洪湖湖泊生态环境保护试点总体实施方案和各年度保护工作实施方案，大力推进项目实施，确保工程进度和工程质量，届时洪湖大湖水质将有望达到功能区水质标准。

16. 农村卫生厕所普及率

指标解释：农村卫生厕所普及率是指使用卫生厕所的农户数占农户总户数的比例。

考核标准：该指标为预期性指标，湖北省要求农村卫生厕所普及率≥90%。

计算公式：

$$农村卫生厕所普及率 = \frac{使用卫生厕所的农户数}{农户总户数} \times 100\%$$

现状分析：2015年洪湖市无害化卫生厕所74000户，农村卫生厕所普及率55.22%。

可达性分析：规划期内，洪湖市将加强农村基础设施建设，提升农村公共服务水平，突出抓好以改路、改水、改厨、改厕、改圈，通路、通水、通电、通沼气、通信息等"五改五通"为主的基础设施建设，通过加大农村卫生改厕工作的扶持力度，争取农村卫生厕所普及率达到省和国家考核标准。

17. 生态环境状况指数

指标解释：生态环境状况指数是表征辖区生态环境质量状况的生物丰度指数、植被覆盖指数、水网密度指数、土地胁迫指数、污染负荷指数和环境限制指数的综合反映。要求该指标保持在优良水平，且不降低，执行《生态环境状况评价技术规范》（HJ192—2015）。

考核标准：该指标为约束性指标，生态环境状况指数≥55%。

现状分析：依据《生态环境状况评价技术规范》（HJ192—2015），以洪湖市不同土地类型面积、水资源量、主要污染物排放量、土壤侵蚀面积和降水量等资料为基础数据，综合计算出洪湖市生态环境状况指数为58.07%，生态环境质量状况良好，要保持不降低。

18. 党政领导干部参加生态文明培训的人数比例

指标解释：党政领导干部参加生态文明和农业生态环境保护培训的人数比例是指辖区内副科级以上在职党政领导干部，参加组织部门认可的生态文明专题培训、辅导报告、网络培训等的人数比例。

考核标准：该指标为预期性指标，要求辖区内党政领导干部参加生态文明培训的人数比例达到100%。

计算公式：

$$党政领导干部参加生态文明培训的人数比例 = \frac{副科级以上干部参加生态文明培训的人数}{副科级以上党政领导干部人数} \times 100\%$$

现状分析：根据调查，2015年洪湖市党政领导干部参加生态文明培训的人数比例约为60%。

可达性分析：通过推进党政机关生态文明建设，建立党政领导干部参加生态文明培训体制机制，提升党政领导干部参与生态文明培训的比例，预计到2020年党政领导干部参加生态文明培训比例将达到100%，达到省级考核标准。

19. 公众对生态文明建设的满意度

指标解释：公众对生态文明建设的满意度是指公众对生态文明建设的满意程度。该指标采用国家生态文明评估考核组现场随机发放问卷与委托独立的权威民意调查机构抽样调查相结合的方法获取，以现场调查与独立调查机构所获取指标值的平均值为最终结果。现场调查人数不少于辖区人口的千分之一。调查对象应包括不同年龄、不同学历、不同职业等人群，充分体现代表性。

考核标准：该指标为预期性指标，要求辖区内公众对生态文明建设的满意度达到80%以上。

现状分析：2016年8月"生态文明调查组"前往洪湖市21个乡镇办区下发了1050份调查问卷，收回调查问卷921份，调查人数高于洪湖市常住人口的千分之一，数据真实可靠有效。根据调查问卷统计结果，洪湖市公众对生态文明建设的满意度约为58.6%。

可达性分析：洪湖市以长江大保护为契机，以提升生态文明水平为目标，采取多种形式，运用多种媒体，广泛深入开展宣传增加公众对生态文明的知晓度；切实改善环境，让老百姓看到生态文明建设的好处。享受环境保护的成果，提高认知度和满意度。

20. 对标结果

已达到国家要求的指标：共有无公害、绿色、有机农产品基地占耕地面积比例（要求60%，实际98.1%）、生态环境状况指数（要求55%，实际58%）、党政领导干部参加生态文明培训的人数比例（要求100%，实际100%）这3项指标达到国家要求，占指标总数的16%。

可以在2020年达标的指标：农田灌溉系数（要求100%，实际90.1%）、城镇污水处理率（要求80%，实际72%）、化肥施用总量（要求折纯54032吨，实际56876吨）、农药施用（要求3486吨，实际3670吨）、测土配方施肥面积覆盖率（要求90%，实际79%）、农膜回收率（要求80%，实际低于10%）、生活垃圾无害化处理率（要求85%，实际82%）、水质达到或优于Ⅲ类比例（要求80%，实际50%）、农村卫生厕所普及率（要求90%，实际50%）、公众对生态文明的满意度（要求80%，实际59%）。共11项，占指标总数的58%。

达标困难，需重点突破的指标：包括农田灌溉系数（要求0.53，实际0.449）、化肥施用强度（要求225千克/公顷，实际363.12千克/公顷）、集约化畜禽养殖场粪便综合利用率（要求85%，实际50%）、畜禽养殖场（小区）配套建设废弃物处理设施比例（要求75%，实际45%）、农作物病虫害绿色防控覆盖率（要求30%，实际5.53%）。共5项，占指标总数的26%。

四、总体战略

以国家及湖北省对四湖流域农业面源污染控制的要求为总领，以洪湖市域主要农业环境问题为重点，结合长江大保护、湖北省"两圈两带"环境保护要求，将农业面源污染控制与水环境质量改善结合起来，与探索农村可持续发展结合起来，与农村环保体制机制创新结合起来，通过清洁健康的流域水生态环境、循环高效的农村产业体系、健全完善的农村环境基础设施和绿色发展的农村生态文明建设，将洪湖市建设成为农业面源污染控制示范区和农业可持续发展示范区。

总体战略按照"一个中心、两个示范、三个抓手、五项指标、七项任务、七大工程"分解推进。

（1）紧扣一个中心：以洪湖水环境保护为中心，规划期 2020 年水质总体达到地表Ⅲ类，展望期 2025 年洪湖自然保护区核心区达到Ⅱ类、大水面达到Ⅲ类。

（2）建设两个示范：以"清洁水源、清洁家园、清洁田园"为基本手段，力争在 2020 年之前纳入"全国生态循环农业示范县（市）"和"全国农业可持续发展示范区"两个示范区建设。

（3）强化三个抓手：即"一控两减三基本"。"一控"，即严格控制农业用水总量，大力发展节水农业；"两减"，即减少化肥和农药使用量，实施化肥、农药零增长行动；"三基本"，即畜禽粪便、农作物秸秆、农膜基本资源化利用，大力推进农业废弃物的回收利用。

（4）突破五个指标：对照《洪湖市农业面源污染防治规划指标体系》，对国家有明确要求的难达标的约束性指标重点突破，一是农田灌溉系数到 2020 年由 0.449 提高到 0.53，2025 年达到 0.55；二是化肥施用强度到 2020 年由 363.12 千克/公顷降到 225 千克/公顷，2025 年降低到 200 千克/公顷以下；三是集约化畜禽养殖场粪便综合利用率到 2020 年由 50% 提高到 85%，2025 年达到 90%；四是畜禽养殖场（小区）配套建设废弃物处理设施比例到 2020 年由 45% 提高到 75%，2025 年达到 80%；五是农作物病虫害绿色防控覆盖率到 2020 年由 5.53% 提高到 30%，2025 年达到 40%。

（5）完成七大任务：一是发展农业节水，二是防治畜禽养殖污染，三是防治水产养殖污染，四是控制农业种植面源污染，五是加快农村环境综合整治，六是有效建立农村垃圾收集处理体系，七是修复农村水生态环境。

（6）实施八大工程：对应需重点突破的指标和应完成的任务，在2020年之前实施八大优先工程：一是化肥减量工程，二是农药减量工程，三是秸秆综合利用工程，四是畜禽养殖废弃物处理工程，五是水产养殖污染防治工程，六是农村环境清洁工程，七是农业生态修复工程，八是农业环保能力建设工程。

第七章 主要任务

一、发展农业节水

实施提高农田灌溉基础设施水平、改进耕作和排灌方式、保水保墒等技术措施，实现农业种植制度和栽培技术从传统粗放型向现代集约节水型转变，农田用水从高耗低效型向节水高效型转变。推广渠道防渗、管道输水、喷灌、微灌等节水灌溉技术，完善灌溉用水计量设施。全面开展农业节水，积极建设现代化灌排渠系。加快灌区节水改造，扩大管道输水和喷微灌面积。加强灌溉试验工作，建立灌区墒情测报网络，提高农业用水效率。到2020年，全市农田灌溉水有效利用系数提高到0.53以上。具体任务包括：

（1）提高农村水资源利用效率。全面实施区域规模化高效节水灌溉行动，推动农业用水从高耗低效型向节水高效型转变。结合高标准农田建设，改善农田水源保障条件，配套节水基础设施，鼓励采用喷灌、滴灌和渗灌技术，实现水资源高效与可持续利用。加强农田水利设施建设，继续实施隔堤大型灌区续建配套与节水改造建设，深入推进下内荆河大型灌区、沿湖中型灌区续建配套与节水改造建设，着力提高农业综合生产能力。

（2）促进农业集约化发展。重点发展优质再生稻、双低油菜等传统优势产业，积极推广再生稻，提升"一镇一品""一村一品"发展水平；重点打造全国再生稻"第一县（市）"，推动富硒水稻种植产业园建设，推动种植业特色化、品牌化发展；以培育壮大新型经营主体为核心，推行"龙头企业＋农村专合组织＋农户""龙头企业＋基地＋农户"的经营模式，发挥龙头企业的辐射带动作用。实施农产品"四个一批"工程，突破性发展精深加工，促进德炎水产、华贵水产、洪湖浪、晨光实业等龙头产业集群；鼓励龙头企业与农民结成紧密的利益共同体，让农民更多地分享产业化经营成果；鼓励龙头企业加大科研投入，提高农产品精深加工和新产品研发能力，增强企业自主创新能力和核心竞争力。通过集约化和规模化提高农业经济水平和水资源利用效率。

（3）发展旱作和水生农业。重点推进水生蔬菜、城郊设施蔬菜、有机大豆和马铃薯产业发展，强化标准化核心示范基地、水生蔬菜基地建设，完善产业链条，发挥富硒和有机优势，提升市场竞争力。

（4）发展休闲观光农业。充分发挥洪湖市自然景观资源优势，以新农村建设为发展契机，在新滩、滨湖、瞿家湾、燕窝、龙口、老湾等乡镇，建设一批以新农村观光体验为主题的特色村庄和休闲度假基地，提升农业的生态价值、休闲价值和文化价值，着力打造一、二、三产业融合的"六次产业"。

二、防治畜禽养殖污染

贯彻落实国务院《畜禽规模养殖污染防治条例》，制定年度方案，科学规划布局，推行标准化规模养殖。完成全市禁养区、限养区、适养区划定；依法关闭或搬迁禁养区内的畜禽养殖场（小区）。重点开展畜禽养殖清粪方式改造，散养密集区要实行畜禽粪便污水分户收集、集中处理利用。现有规模化畜禽养殖场（小区）要配套建设粪便污水贮存、处理、利用设施。因地制宜推广畜禽粪污综合利用技术，规范和引导养殖废弃物资源化利用。自 2017 年起，所有新建、改建、扩建规模化畜禽养殖场（小区）应实施雨污分流、粪便污水资源化利用。到 2020 年，畜禽规模化养殖场粪便利用率达到 85% 以上，全市 75% 以上的规模化畜禽养殖场配套完善粪污贮存设施，30% 以上的养殖专业户实施粪污集中收集处理和利用。具体任务包括：

（1）提升畜禽产业化经营水平。着重抓好创祺牧业、温氏集团等养殖业龙头企业发展，推进龙头企业向规模化、集约化发展，形成一批养殖业龙头企业集群，创立一批市场占有率高、产品附加值高的品牌化产品；以利益连接为核心，以机制连接为保障，积极推广"公司（市场）+基地+农户"经营模式，实行标准化生产、规范化管理、风险共担、相互依存的产供销一体化、合理的利益联结机制。

（2）加快推进畜禽养殖规模集约化发展。在畜禽养殖集中区域，因地制宜地建立一批农牧结合示范基地、生态牧业园（小）区、标准化规模生态养殖场，逐步推进养殖户和散养户向养殖小区集中，使畜禽养殖从低水平、分散性养殖向规模化、集约化、生态化养殖发展，提高全市养殖场规模化集约水平。

（3）强化畜禽产品安全生产和管理。建立健全畜产品质量安全检测体系，定期对养殖小区（大户）农业投入品进行监督检查，从源头上把好动物产品质量安全关卡；建立畜产品质量可追溯制度，加强从养殖到餐桌全过程质量监管，大力发展无公害、绿色、有机畜产品生产；加强动物卫生监督执法检查，阻止病害动物及产品进入市场。

（4）加快推进畜禽粪便资源化利用。加大市场化运作力度，通过招商引资，引导社会资金进入畜禽养殖粪污治理，使资源化利用达到企业化、市场化、高值化。一是大力推广农牧结合生态种养模式，大力推广"畜沼果（菜、林、渔）"等生态环保降本增效的养殖模式，实现畜禽养殖粪污就地消纳，控制养殖污染。二是鼓励引进有机肥生产企业，有效利用畜禽排泄物资源。三是积极利用民间资本，发展专门从事"三沼"综合利用的社会化服务企业。四是采用土地处理系统、氧化塘以及人工湿地等技术进行畜禽粪污就地生态处理，实现畜牧业生态化发展。五是全力争取沼气建设项目，积极引导规模养殖户利用沼渣、沼液建设绿色无公害畜产品、蔬果基地。六是在散养高密度区域通过建立畜禽粪便收集处理中心，利用畜禽粪便稳步发展有机肥料厂，生产有机肥。

（5）推广生态养殖模式。采用种养结合等方式，因地制宜地积极推广畜禽养殖清洁生产技术，建设一批畜禽养殖清洁生产示范区。2017年起，新建、改建、扩建规模化畜禽养殖小区要实行雨污分流、清洁生产、干湿分离，实施畜禽养殖废弃物资源化利用。

（6）结合环境承载力，确定养殖场养殖规模。根据畜禽养殖场周边土地对畜禽粪便的消纳能力，确定养殖规模，特别要加强大中型畜禽养殖场的规划管理，控制其发展规模和速度，严格控制区域单位耕地面积饲养量。对新建、改建、扩建的规模养殖场严格实行环境影响评价和"三同时"制度，发展环境友好型牧业。2017年底前，按照《洪湖市畜禽养殖区域划分及管理暂行办法》，完成禁养区和限养区内畜禽养殖场（小区）的关停转迁。严禁在四湖总干渠流域沿线500米范围内新建畜禽养殖场。开展四湖总干渠沿线500米范围内规模化畜禽养殖场企业粪便综合利用工程，加快推进宝发生物科技、创祺牧业、绿园养鸡场、吴剅专业合作社及爱隆养鸡专业合作社等畜禽养殖场的改扩建项目,实施"雨污分离＋干清粪＋粪污收集＋有机肥生产"的处理模式。

三、防治水产养殖污染

按照不同养殖区域的生态环境状况、水体功能和水环境承载能力,科学划定禁养区、限养区,有序完成大湖拆围工作。水产养殖应符合功能区划要求,并取得主管部门的同意。加快湖泊周边人工围垦形成养殖垸塘的退垸还湖。加强水产养殖集中区域水环境监测,对达不到淡水池塘养殖水排放要求或严重污染水体的水产养殖场所进行清理整顿。开展禁止投肥养殖行动。建立水产养殖水体重金属和抗生素污染监管体系,加强养殖投入品管理,深化水产养殖水污染治理,进一步优化和推广清水养殖、稻田养殖等生态养殖技术,建设一批清洁水产养殖基地。2017年底前,完成集中养殖区域内环境激素类化学品使用情况调查,强化风险监控。具体任务包括:

(1)发展高效生态水产养殖。优化水产养殖空间布局。根据洪湖市的资源地理特点和现有产业基础,打造稻—渔综合种养区、蟹—虾复合生态养殖区、淡水鱼健康养殖区和名优水产—菜复合种养区等四大水产养殖板块。

(2)强化洪湖湿地自然保护区保护与管理。贯彻落实《湖北洪湖湿地自然保护区总体规划》《洪湖湿地自然保护区管理暂行办法》《洪湖生态环境保护试点总体实施方案》,建立科学长效的保护管理机制,拆去养殖围栏围网,恢复洪湖湿地自然生态环境,维持湿地生物多样性。规范湖泊开发利用方式,按时完成湖泊勘界定桩、堤防达标和湖岸治理,保持湖泊形态稳定。加快湖泊生态改造,在易涝易渍地区,以退田还湖、平垸蓄洪为中心,加快湖滩、围垸、湖泊改造治理,逐渐恢复洪湖生态岸线。

(3)发展绿色休闲渔业。"以发展绿色水产,打造休闲渔业"为目标,以蓝田生态旅游风景区、八卦洲湿地公园、乘风村、陈湾村等著名风景名胜区和旅游名村为重要依托,建立一批以渔港风光、渔村风情、水上游钓、湿地景观等为主题的现代休闲渔业基地。通过垂钓比赛、渔业饮食文化节、放鱼节、开渔节以及渔业科普、美术摄影等活动形式,不断挖掘、传承、弘扬、创新与渔业相关的观赏文化、餐饮文化、民俗文化。

四、控制农业种植面源污染

深入开展测土配方施肥，大力推广新肥料、新技术，推进有机肥资源合理利用，减少化肥投入，提高耕地质量水平。大力推广低毒低残留农药、高效大中型药械，重点推行精准对靶施药、对症适时适量施药，推行农业病虫害绿色防控和专业化统防统治，实现农药减量减污。到2020年，全市测土配方施肥技术推广覆盖率达到90%以上，有机化肥利用率提高到40%以上，农作物病虫害统防统治覆盖率提高到40%以上，主要农作物农药利用率达到40%，主要农作物化肥农药使用量零增长。具体包括：

（1）优化农业产业结构。以种养结合、地力培育为基础，以节地、节水、节种、节药、节肥、节能和资源循环利用为重点，开展农业生态系统闭路循环模式探索，促进农业生产由依靠资源消耗型向资源节约型、环境友好型转变，逐步形成"立体生态农业""循环农业""精确农业"发展模式。

（2）提高秸秆综合利用率。推进秸秆肥料化、饲料化、燃料化、基料化、原料化利用，积极推进秸秆机械化粉碎还田、快速腐熟还田，有效提高秸秆肥料化利用率，加大秸秆综合利用机械补贴、秸秆收储站建设补贴、秸秆收购价格补贴和秸秆原料化利用补贴力度；支持规模化秸秆饲料生产企业技术改造和装备升级、推广秸秆饲料加工调制、全株玉米青贮、秸草搭配饲喂等秸秆养畜先进实用技术，鼓励生产优质秸秆生物饲料；加强以秸秆基料化利用为纽带的生态农业建设，建设秸秆粉碎、打包加工店，生产可用于水稻育种、无土栽培的基料和育种秧盘；推进秸秆燃料化重点工程，以气化、炭化、固化和沼气四类工程为主，积极发展生物质电厂、秸秆沼气工程、秸秆气化工程；探索秸秆原料化利用的最优模式，鼓励利用秸秆生产建筑装饰材料、板材等，支持利用秆皮、秆芯生产高强低伸性纤维、人造板、纺织工业用纤维以及其他工业用增强纤维等。

（3）做强"三品一标"产业。发展种养结合生态循环农业，推行减量化和清洁生产技术，打造一批无公害、绿色、有机食品生产基地，提高无公害、绿色、有机农产品比重。加强农产品地理标志登记保护与开发利用工作，推进区域优势与特色农产品"三品一标"产业建设，创建生态农业精品名牌。做大做强水产、再生稻、富硒水稻、水生蔬菜等特色农业。

（4）推进农作物病虫害绿色防控。建立病虫害综合防治——绿色防控示范园区，推广绿色防控技术，开展专业化统防统治与绿色防控融合。到2020年，农作物病虫害统防统治覆盖率达到30%以上。

（5）降低化肥农业使用强度。鼓励使用有机肥、高效低毒低残留农药及生物农药，广泛使用复合肥、有机肥、农家肥，控制和降低农药化肥施用量。到2020年，有机化肥利用率提高到40%以上，主要农作物农药利用率达到40%以上，主要农作物农药化肥实用总量在2015年基础上削减5%，实现负增长。

（6）强化测土配方施肥。到2020年，测土配方施肥技术推广覆盖率达到90%以上。以农业龙头企业带动基地建设，以农业示范园区带动周边地区，以农业专业合作社带动普通农户的方式，将配方施肥和生态农业的先进技术普及每家每户。

（7）加强农产品质量安全监管。突出重点，强化检测服务、监管服务、技术服务和联动服务，推进农技推广服务体系、农产品检测中心、动物防疫体系建设，建立健全全市乡镇农产品质量安全检验体系；推行农产品质量安全追溯制度，建立产品产地准出与市场准入有机结合的农产品质量安全全程监控制度，实现"生产有记录、流向可追踪、质量可追溯、责任可界定"，认真落实农产品、畜产品生产档案记录制度和投入品使用管理制度，严格规范农产品产地准出与市场准入监管工作。

五、加快农村环境综合整治

编制农村生活污水治理方案，落实"以奖促治""以奖代补"政策，巩固和扩大农村环境连片整治成果。具体任务包括：

（1）保障农村饮水安全

科学划定饮用水源保护区。划定乡镇集中式饮用水水源地保护区，结合洪湖市乡镇水源地分布实际，根据已设置的界碑、警示牌，划定18个乡镇集中式饮用水源地保护区，明确一级、二级保护区和准保护区范围。

排查水源地环境安全隐患。完成洪湖市城区、长江沿线各乡镇、沿东荆河各乡镇、沿内荆河各乡镇集中式饮用水源保护区污染整治与隔离防护工程，全面清除一级保护区内与供水设施和水源保护无关的建设活动，关闭龙口水厂水源地附近养鸡场、大同湖中心水厂上游采砂场等违建设施，从源头上保障饮水安全。

实施乡镇水厂升级改造。目前长江沿岸部分乡镇仍采用落后的制水工艺，无法保障水质安全。对"仙洪试验区"建设时期已建成的9个乡镇污水处理厂进行改造升级，提高制水工艺，改善村镇饮用水质量。对未建设乡镇污水处理厂的乡镇要在2018年之前将污水处理厂建设到位。

健全饮用水水源地风险防范体系。开展饮用水水源地环境风险排查和环境整治，建立饮用水水源地环境风险数据库，建立健全饮用水安全预警制度。逐步形成饮用水源的污染来源预警、水质安全预警和水厂处理预警三位一体的饮用水源安全预警体系，形成保障优质城市饮水水源的环境保护管理基础框架。

加强饮用水源水质监测能力。加强集中式饮用水水源地环境监测能力建设，定期监测、检测和评估饮用水水源、自来水厂出水和农户水龙头水质等饮水安全状况，每季度定期向社会公开乡镇以上集中式饮水安全状况信息。

加强应急能力建设。针对洪湖市河流、湖泊、地下水三种饮用水源类型，制定与之适应的水源污染应急预案，加强水源安全预警和防范。为确保人民群众的饮水安全，有条件的乡镇应积极建设备用水源，做好饮用水源应急储备工作。

加强农村地下水水资源保护。建立农村集中式地下水水资源保护体制机制。定期开展地下水环境质量监测，开展地下水环境功能区划，编制洪湖市集中式地下水水源保护规划，合理开发利用地下水资源。

（2）全面推进农村生活污水处理。对于截污纳管条件成熟的农村地区以及城乡接合部的村庄，加快镇村截污支次管网工程建设，将村镇污水纳入中心城区或集镇或经济开发区污水收集管网。对远离集镇、经济开发区的农村，因地制宜采用厌氧＋农灌利用、厌氧＋微动力、厌氧＋人工湿地、沼气生态利用等方式处理农村生活污水。对于经济条件好但不具备纳管条件的行政村，采取独立建设生活污水处理设施的方式，解决区域生活污水无害化处理问题。到2020年，农村生活污水处理率达到70%以上。

（3）推进美丽乡村建设。立足乡村自然条件、资源禀赋、产业发展、民俗文化，在保护乡村原始风貌、保留村庄原有形态的前提下，按照"空间优化形态美、绿色发展生产美、创业富民生活美、村社宜居生态美、乡风文明和谐美"要求努力打造一批产业发展型、旅游休闲型、传统村落型、自然生态型等各具特色的美丽乡村示范村。

提升农村建筑风貌。坚持以"因陋就简、简单实用、整洁美观、时尚高雅"为基本指导思想，改造提升农村建筑风貌。按照总体格调要求，对外观形象进行细节性改造，保持农房结构和设施在生产生活中的实用功能不弱化，简单实用；改造后的外观效果达到整洁美观；在装饰效果上达到格调高雅、时尚，以提升乡村风貌总体形象，彰显地方特色。

加强农村户厕卫生化改造。采取以点带面与重点突破相结合，以清除露天粪坑、建设卫生厕所为重点，集合城镇污水处理工程、农村沼气建设、规模推进农村改厕及人畜禽粪便无害化处理工程。一般户厕主要采用三格式化粪池建设与改造；畜禽养殖户、"农家乐"经营户提倡沼气池方式改厕；卫生公厕按三类或三类以上公厕标准建造。到 2020 年，农村卫生厕所普及率达到 90% 以上。

六、建立农村垃圾收集处理体系

因地制宜，科学确定不同地区农村垃圾的收集、转运和处理模式，推进农村垃圾就地分类减量和资源回收利用。优先利用城镇处理设施处理农村生活垃圾；选择符合农村实际和环保要求、成熟可靠的终端处理工艺，因地制宜推行卫生填埋、焚烧、堆肥或沼气处理等方式。边远村庄垃圾就地减量处理，不具备处理条件的应妥善储存、定期外运处理。到 2020 年，全市以行政村为单位，农村生活垃圾处理率提高到 85% 以上。具体任务包括：

（1）扩建生活垃圾收集转运设施。根据各乡镇生活垃圾实际产生量，扩建乡镇垃圾收集处理设施，进行无害填埋，日均进行 20 吨 / 日的垃圾转运、收集。现规划扩建滨湖办、瞿家湾镇、沙口镇、汊河镇、小港管理区、峰口镇、戴家场镇、万全镇、曹市镇、府场镇、燕窝镇、乌林镇、龙口镇、新滩镇、大同湖、大沙湖、老湾乡、滨湖、螺山 19 个地区生活垃圾收集转运设施。

（2）改造升级洪湖市生活垃圾填埋场。扩建洪湖市生活垃圾填埋场，新建渗滤液处理设施，并安装在线监测系统设备，实时监控洪湖市生活垃圾填埋场渗滤液产生、排放情况。

（3）整改简易垃圾填埋场。全面整治全市各乡镇简易垃圾填埋场，通过填埋作业规范化改造、建设垃圾渗滤液设备设施等措施进行整改，对废弃的垃圾填埋场采取封场、垃圾外运等改造措施。

（4）新建垃圾焚烧厂。垃圾焚烧发电是目前世界各国普遍采用的垃圾处理方式，也是"十三五"期间洪湖市垃圾资源化利用的主要方式。"十三五"期间，洪湖市将采取焚烧和填埋相结合的模式，建设以焚烧发电为主、生化和填埋为辅的生活垃圾处理体系。加快推进峰口镇垃圾焚烧厂和小港管理区生活垃圾焚烧发电厂建设，以提高全市生活垃圾资源化利用水平。

（5）积极推动生产生活方式的绿色转型。在产品的设计、制造、消费过程中，尽可能地避免产生废弃物，使固体废弃物达到最小量。无法避免产生的固体废弃物也要最大限度地转化为二次资源，循环利用。确无利用价值的，才允许进行无害化最终处置，从源头上控制固体废物的产生量。树立绿色发展的理念，以绿色理念推动生活方式和消费模式变革。提倡绿色消费和绿色生活方式，鼓励居民使用环保产品和环保用品，在日常生活中自觉形成良好的生活习惯，促进生活废物的循环利用，如有意识使用环保购物袋，减少或杜绝使用一次性塑料袋、一次性筷子等，合理使用电池等。

（6）完善城乡一体化生活垃圾分类收集系统。建立环境卫生"门前三包、分区包干、定责定薪、联合考核"的长效保洁机制，做到人员、制度、职责、经费四落实。

建立"户分类—村收集—镇运输—市处理"的垃圾收集处理体系。积极借鉴大同湖、瞿家湾等乡镇的成功经验，各行政村按每5户配置两个垃圾箱，分别收集餐厨垃圾和其他垃圾；各行政村按照每100~150户配1~2名专职或兼职保洁员，负责区域的垃圾清扫及针对垃圾箱中的可回收与不可回收垃圾的分类工作；各乡镇建设一座生态堆肥场，用于餐厨垃圾进行厌氧发酵，最后生成的残渣可用于有机肥还田；每个行政村配备垃圾清运车1辆，分开运输餐厨垃圾、保洁员分拣出的可回收垃圾和不可回收垃圾，餐厨垃圾可集中运输至各乡镇的生态堆肥场，不可回收垃圾统一运往各乡镇的生活垃圾收集转运场所，最后由乡镇集中组织垃圾运输车将不可回收垃圾运送至中心城区的垃圾填埋场或垃圾焚烧厂进行无害化处理。

在中心城区建设一座生态堆肥场，用于消纳餐厨垃圾，进行沼气池厌氧发酵，发酵后沤制成的农家肥可用于还田。不可回收垃圾可统一运送至垃圾填埋场或垃圾焚烧厂进行无害化处理。对于金属、纸类等可回收垃圾，可鼓励有偿回收废物利用，实行废物回收利用持证管理，建成再生资源回收体系，逐步规范废旧回收制度。

开展垃圾分类试点。2017年，中心城区全面开展生活垃圾分类试点工作；2018年中心城区全部实施生活垃圾分类；2019—2020年，逐步扩大生活垃圾分类实施范围，中心城区实现生活垃圾分类全覆盖，各镇区基本实现生活垃圾分类全覆盖；2021—2025年，各行政村实现农村生活垃圾分类收集，全市实现生活垃圾分类全覆盖。

（7）强化固体废物监管。积极推进工业企业实施生态化改造，推进清洁生产，从源头上减少工业固体废物的产生量。建设工业固废贮存或处置设施和场所，对工业固体废物进行安全贮存或处置。

七、修复水生态系统

在农村积极开展河道、小塘坝的清淤疏浚、岸坡整治，实施河渠连通工程，建设生态河塘，提高农村地区水源调配能力、防灾减灾能力、河湖保护能力，改善农村生活环境和河流生态环境，全市Ⅲ类水体比例达到80%。具体任务包括：

（1）加强洪湖市长江段保护与治理。以长江流域的保护与治理为重点，提高全市河流优良水体比例。加快推进东荆河、四湖流域、长江洪湖段等全市域重点流域水污染风险防控工作，对重点防控工业企业开展环境应急预案编制、评估、修订、备案工作，实现预案及时更新和动态管理。对重点流域沿岸的生活污染源开展综合治理，完善污水处理设施，优化排水体制，增加河道流量。

（2）加大四湖总干渠（洪湖段）综合整治力度。根据《四湖总干渠污染综合整治工作方案》，通过狠抓工业污染防治、加强城镇生活污染治理、推进农业农村污染防治、整治城市黑臭水体、改善水生态环境质量、严格水环境管理六方面重要任务和措施，切实改善四湖总干渠水环境质量。2017年底前，对四湖总干渠沿线工业企业废水处理工艺进行提档升级，完成府场经济开发区、新滩经济开发区、临港工业园等工业聚集区污水处理设施。改扩建9个乡镇污水处理厂，出水水质稳定达到一级 A，新建污染源在线监控系统工程，加快现有 9 座污水处理厂配套管网建设，扩大污水管网覆盖范围，建立完善污水处理的工作运行机制。

（3）开展洪湖水生态修复。在洪湖湿地自然保护区，通过采取河湖连通、湖泊清障、生物控制、底栖生物移植、营造景观生态等措施修复湿地生态系统，提高水域生物净化功能，促进河湖水质改善。

加快推进洪湖市河湖水系水生态修复工程，着力构建多线连通、多层循环、生态健康的水网体系。以上游四湖总干渠及新堤排水闸为纽带，引江入湖，通过小港湖闸、张大口闸连接下内荆河，实现河湖水系互通，从而构成水资源循环通路，以提高洪湖湖区水体径流量，提升水体的稀释自净能力和自我修复能力，遏制湖泊生态退化趋势。

开展湖泊清障工作。水花生、水葫芦等外来物种的大量入侵，导致洪湖市河渠水生植物泛滥成灾，对全市农业生态环境以及水环境质量构成严重威胁，洪湖湿地的一些鸟类、鱼类天然的产卵场和栖息地被迫遭受侵占。采取机械及人工除草、药物除草与生态除草措施，积极开展洪湖水草清除工作；加快推进洪湖大湖水花生与水葫芦防治基地建设，着力改善洪湖水生态环境。

营造湖泊湿地景观。构建功能性水生植物带。在洪湖湖底种植净化能力强和利用价值高的水生植物，同时选择性放养摄食有机碎屑、藻类及草的水生动物，通过恢复湖泊湿地植被，提高水体生物净化功能，改善洪湖水质，构建观赏性水生植物带。加强洪湖沿岸湿地景观建设，在湖泊沿岸种植植物护岸，代替以石头或砼的护砌护坡，营造园林水乡氛围，提高水景观的生物多样性，促进湖泊生态环境向绿化、净化、美化、活化的可持续的生态系统演变。

强化污染防治工作。加强排污口管理，合理布局规模化养殖并积极推行排泄物的资源化利用，推广清洁农业；拆除大湖内围网、围栏，实施生态渔业，开展常态化的湖泊疏浚，防止湖泊沼泽化，通过点、面、内源综合治理，有效控制湖泊污染及富营养化；加快推进围堰筑坝、退田还湖治理工程，完成围垸 180 千米、退田还湖 13000 亩，力争到 2017 年，彻底清除洪湖的围网养殖设施。

开展洪湖生态环境安全评估。加强洪湖、长江洪湖段等重要流域水生态系统健康调查与评估，制定实施生态环境保护方案。加强洪湖水生态环境优先保护区与管理，严格建设项目环境准入，确保水生态环境良好。

（4）打造滨江滨河滨湖生态景观带。打造滨江自然生态景观带。洪湖东南濒临长江，长江作为市域最大的生态廊道和风景林带，承担着市域大型生物通道的功能，为野生动物迁徙、筑巢、觅食、繁殖提供空间。利用长江作为自然景观轴带，连接其他河道及洪湖等重要水域，丰富水乡园林景观层次。加强长江沿岸堤、坡绿地及生态防护林带建设，突出沿江水体景观特色，加强沿江各城镇间绿化隔离带建设。

打造洪湖自然风光带。以洪湖湿地自然保护区为核心，重点推进"洪湖岸边是家乡"湿地生态旅游城、茶坛岛湿地公园、清水堡古韵园、八卦洲湿地公园等项目建设，建设彰显洪湖湿地生态景观的自然风光带。积极整合洪湖周边瞿家湾红色文化旅游古镇、蓝田生态旅游区、悦兮半岛温泉度假村等旅游资源，推动洪湖市旅游产业联动发展，着力打造红色旅游、温泉旅游、乡村旅游、生态旅游四大旅游品牌。

打造内荆河自然生态景观带。以内荆河水生态修复工程、一河两岸工程为重要契机，通过恢复水生植被、营造植物护岸等生物工程措施，提高河流水景观生物多样性，优化内荆河水生态环境。在保护水域水生态环境的基础上，通过挖掘洪湖水乡文化，结合游憩、休闲功能，配以适量的休闲游憩设施，打造成为洪湖市时尚娱乐、体验文化、康体休闲的滨河生态景观带。

（5）加强水乡园林城市建设。挖掘洪湖水乡风情，加快滨水公园建设。建设一批沿江、沿河绿化带和绿地公园，重点推进城区老闸河、爱国渠、百里长渠和其他主要沟渠环境综合整治，实施四湖流域污水净化、河堤建设及河道沿线景观综合整治工程，建设一批亲水景观平台，注入更多的亲水文化元素，形成城水相依、人水和谐的城市风貌。高标准建设滨江公园、沿河公园和各级公园绿地，打造中心景观区和休闲娱乐区。以创建"绿色家园""园林城市"为抓手，大力开展绿化、美化活动，建成城区园林化、郊区森林化、道路林荫化、庭院花园化的城乡森林生态系统。

加强城镇绿化、美化，创建园林化城市。实施"拆房建绿、拆墙透绿、拆违还绿、见缝插绿"等生态工程，加强城区水体修护和环境整治，加大公园绿地、街旁绿地、生产防护绿地等各层次绿地系统建设，构建形成以公园广场为主、小游园为辅，街道绿地位纽带的点、线、面相结合绿化网络格局。

加强村庄绿化、美化，打造花园式村庄。以新农村建设为平台，以"绿色乡村""美丽乡村"创建为载体，以促进农民增收和村庄整洁为核心，以湾子林改造为抓手，以村周围、道路两侧、农户房前屋后及庭院为重点，充分借鉴螺山镇村屯绿化经验，进行全覆盖、立体式绿化，美化农村居民生活环境。

加快通道绿化和门户绿化。实施城市道路、沟渠两侧绿化工程，打造水清岸绿的生态区、风景秀丽的景观带。推进小区绿化、庭院绿化、单位绿化，以创建国家生态园林城市为重要抓手，进一步加大园林绿化建设投资，着力提高城市绿地面积，建成生态和谐的绿色城市。到 2020 年，城市人均公共绿地面积达到 13 平方米以上。

第八章 重点工程

一、优先工程

根据洪湖市社会、经济和环境现状，针对农业面源污染防治示范区考核标准，聚焦洪湖市农业生态环境建设和保护中存在的问题和差距，兼顾可操作性和实用性，提出优先工程8类，包含20个项目。

1. 化肥减量工程

（1）"三减一高"式再生稻项目。在全市稻作区推广减肥、减水、减药、高质的再生稻种植模式，2020年达到30万亩，2025年达到50万亩，形成具有全国示范意义的控肥减药节水的洪湖经验。

（2）"种养耦合"式水肥一体化示范项目。以燕窝、戴家场、乌林三个乡镇为重点，建立猪—沼—菜、猪—沼—果、猪—沼—渔示范基地各1个，覆盖农地6万亩。

（3）"测土配方"精准施肥项目。建成智能终端配肥站18个，实现测土配方施肥精准化全覆盖。

（4）"有机替代"化肥减量项目。建设规模化有机肥工厂5个，针对种植目标进行复混配肥，使有机肥覆盖面积达到20万亩。

2. 农药减量工程

（1）"统防统治"农作物病虫害监测服务体系建设项目。完善主要农作物重要病虫害监测、预警、预报工作，提高准确性和时效性，扶持做实做强专业化统防统治合作组织3个。

（2）"绿色防控"示范区项目。建立水稻示范区5个、果蔬示范区4个，覆盖面积 70 万亩以上。

3. 秸秆综合利用工程

（1）"资源再生"秸秆收储运体系建设项目。每个乡镇建设一个万吨级秸秆收储站，共计 18 个。

（2）"尾菜还田"蔬菜尾菜处理项目。在蔬菜集中产地和水生蔬菜基地建设蔬菜尾菜处理站，共计 6 个。

4. 畜禽养殖废弃物处理工程

（1）"种养一体"畜禽养殖业农场化制度试点场项目。建设畜禽养殖业农场化制度试点场 3 个。根据规模给予适当补贴，支持将畜禽养殖场建在田间地头，做到适度规模，配套流转相适应的种植面积，粪便无害化处理后直接还田利用，且利用养殖污水种植一定的青贮饲料，做到畜禽养殖业与种植业的深度融合，促进畜禽养殖废弃物就近方便高效还田利用。

（2）"综合治理"畜禽养殖废弃物处理设施建设项目。分类指导，积极推广种养一体化、标准化改造、污水深度处理、粪便集中处理等畜禽粪便综合利用技术模式。新建 25 家规模养殖场废弃物处理设施配套建设。

5. 水产养殖污染防治工程

（1）"稻渔综合"种养区建设项目。以内荆河为中轴线，以瞿家湾镇、沙口镇、万全镇、汉河镇、小港管理区、乌林镇、老湾乡、大沙管理区、大同管理区为核心，充分利用区域内的稻田种植空间，推广稻—虾、稻—蟹、稻—鳖、稻—鳅、稻—鱼等生态高效种养模式，建立 9 个生态健康养殖示范区，实现水产养殖标准化、健康化、生态化发展。

（2）"蟹虾复合"生态养殖区建设项目。以洪湖大湖周边乡镇为重要区域，积极开展生态复合养殖，推广健康养殖技术，建设生态工程化示范养殖小区，达到设施规范化、水质标准化、环境清洁化、发展循环化的养殖要求，建设面积 15 万亩。

（3）"渔菜耦合"立体种养区项目。以扩大名特优养殖面积为主线，以戴家场、曹市镇、府场镇、峰口镇、万全镇、黄家口镇和大同湖管理区等乡镇（管理区）为核心，重点发展螃蟹、黄鳝、龙虾等优势特色水产品为主的生态养殖，将水生蔬菜种植耦合到池塘养殖平台，推动鱼—菜复合高效种养模式，建设面积 5 万亩。

6. 农村环境清洁工程

（1）"城乡一体"农村垃圾收运项目。建立环境卫生"门前三包、分区包干、定责定薪、联合考核"的长效保洁机制，做到人员、制度、职责、经费四落实。建立"户分类—村收集—镇运输—市处理"的垃圾收集处理体系。积极借鉴大同湖、瞿家湾等乡镇的成功经验，各行政村按照每 5 户配备两个垃圾箱，分别收集餐厨垃圾和其他垃圾；各行政村按照每 100~150 户配 1~2 名专职或兼职保洁员，负责区域的垃圾清扫及针对垃圾箱中的可回收与不可回收垃圾的分类工作；每个行政村配备垃圾清运车 1 辆，分开运输餐厨垃圾、保洁员分拣出的可回收垃圾和不可回收垃圾，餐厨垃圾可集中运输至各乡镇的生态堆肥场，不可回收垃圾统一运往各乡镇的生活垃圾收集转运场所；根据各乡镇生活垃圾实际产生量，扩建乡镇垃圾收集处理设施，扩建滨湖办、瞿家湾镇、沙口镇、汊河镇、小港管理区、峰口镇、戴家场镇、万全镇、曹市镇、府场镇、燕窝镇、乌林镇、龙口镇、新滩镇、大同湖、大沙湖、老湾乡、滨湖、螺山 19 个地区生活垃圾收集转运设施。

（2）"全防全治"乡镇污水处理项目。2017 年前新建滨湖办事处、大同湖管理区、燕窝镇、龙口镇、乌林镇、老湾乡、大沙湖管理区、螺山镇 8 个乡镇污水处理厂；2020 年前新建临港工业园污水处理厂、府场经济开发区污水处理厂、新滩经济开发区污水处理厂。8 个新建城镇污水处理设施和 3 个工业园区污水处理设施的配套管网应同步设计、同步建设、同步投运，且污水处理厂出水水质执行一级 A 排放标准。

7. 农业生态修复工程

（1）洪湖水生态修复项目。在洪湖湿地自然保护区，通过采取河湖连通、湖泊清障、生物控制、底栖生物移植、营造景观生态等措施修复湿地生态系统，提高水域生物净化功能，促进河湖水质改善。①加快推进洪湖市河湖水系水生态修复工程，着力构建多线连通、多层循环、生态健康的水网体系。以上游四湖总干渠及新堤排水闸为纽带，引江入湖，通过小港湖闸、张大口闸连接下内荆河，实现河湖水系互通，从而构成水资源循环通路，以提高洪湖湖区水体径流量，提升水体的稀释自净能力和自我修复能力，遏制湖泊生态退化趋势。②开展湖泊清障工作。水花生、水葫芦等外来物种的大量入侵，导致洪湖市河渠水生植物泛滥成灾，对全市农业生态环境以及水环境质量构成严重威胁，洪湖湿地的一些鸟类、鱼类天然的产卵场和栖息地被迫遭受侵占。采取机械及人工除草、药物除草与生态除草措施，积极开展洪湖水草清除工作；加快推进洪湖大湖水花生与水葫芦防治基地建设，着力改善洪湖水生态环境。③营造湖泊湿地景观。构建功能性水生植物带。在洪湖湖底种植净化能力强和利用价值高的水生植物，同时选择性放养摄食有机碎屑、藻类及草的水生动物，通过恢复湖泊湿地植被，提高水体生物净化功能，改善洪湖水质；构建观赏性水生植物带。加强洪湖沿岸湿地景观建设，在湖泊沿岸种植植物护岸，代替以石头或砼的护砌护坡，营造园林水乡氛围，提高水景观的生物多样性，促进湖泊生态环境向绿化、净化、美化、活化的可持续的生态系统演变。④强化污染防治工作。加强排污口管理，合理布局规模化养殖，积极推行排泄物的资源化利用，推广清洁农业；拆除大湖内围网、围栏，实施生态渔业，开展常态化的湖泊疏浚，防止湖泊沼泽化，通过点、面、内源综合治理，有效控制湖泊污染及富营养化；加快推进围堰筑坝、退田还湖治理工程，完成围堰180千米、退田还湖13000亩，力争到2017年，彻底清除洪湖的围网养殖设施。

（2）土壤污染修复试点项目。按照全国土壤污染状况调查工作的统一部署，2017年前，全面完成洪湖市土壤污染现状调查，重点针对土壤环境污染负荷较大的区域、重金属高背景地区、基本农田区域、重要蔬菜生产基地和社会关注的环境热点地区，开展土壤污染详细调查与评估，建立土壤污染风险评估和污染土壤修复制度，组织编制洪湖市土壤污染防治规划。根据全市土壤污染状况调查结果，组织有关部门和科研单位，筛选污染土壤修复实用技术，加强污染土壤修复技术集成，选择有代表性的污灌区农田和污染场地作为试点。集中力量解决一批工业污染场地和土壤污染等的历史遗留问题。重点针对"退城进园"后企业遗弃的土地、需要改变使用功能予以利用的地块、高风险场地，开展土壤污染风险评估，开展土壤污染修复试点和工程示范。2018年前完成曹市镇、府场镇土壤污染修复试点工作。实行分门别类的管理和种植指导。对严重污染的土地实施退耕还林，恢复自然植被；轻度污染的土地通过加深耕作层、增施有机肥、轮作换茬、定期土壤消毒、降低农药施用强度等方式修复、改善土壤质量，并推广科技农业、生态农业。

8. 农业环保能力建设工程

（1）公益型农业服务体系建设项目。完善农技推广服务体系、动物疫病防控体系、水生生物疫病防控体系、农产品质量质量安全检测体系等公益型服务体系，将乡镇农业公益型服务体系纳入地方财政全额预算管理，配备必要工作条件与工作经费。

（2）农业资源与环境监测体系建设项目。加快建立健全耕地地力监测与质量评价体系、农产品产地重金属污染监测与评价体系、农作物病虫害监测与评价体系等，建设覆盖主要生态区域的农业四情、耕地质量、水质、农业面源污染、农业生态环境等监测网点，实现信息采集智能化，全面掌握和科学评价生态环境现状，为科学决策提供有效支撑。

（3）生态循环农业"两创"项目。大力推行农业清洁生产、标准化生产，组织农业适度规模经营，积极推进生态循环农业建设，创建国家级生态循环农业示范县（市）；以循环农业为基础，以荆州市整体纳入国家可持续农业发展示范区为契机，创建国家级循环农业发展示范县（市）。

二、重点工程

在确保优先工程的情况下，提出洪湖市农业面源污染防治重点项目。2017—2020年，共规划农业清洁生产、农业污染防治、农村环境整治3大领域36个项目。

农业清洁生产工程：以构建绿色低碳循环的生态农业为目标，实施水资源、土地资源集约节约利用项目，积极发展生态农业，结合洪湖实际情况推进现代化农业产业板块、农产品质量安全和节水农业建设。

农业环境保护工程：加强农业环境保护，对自然保护区、湿地公园等生态敏感点实施保护建设工程，保护恢复湿地生态系统，加强重点濒危物种保护力度，加强防范外来入侵物种。深入开展水污染防治，推进实施流域综合整治、湖泊生态修复、集中式饮用水水源安全保障等重点工程，对秸秆焚烧等开展专项环境整治行动，推进土壤污染防治，实施土壤污染普查和重金属污染普查行动，提升土壤环境质量，确保农业环境安全。

农村环境整治工程：加快推进污水处理设施、垃圾无害化处理设施等城市环境基础设施建设，推进农村环境综合整治，全面推进海绵城市建设进程，提升农村的绿色水平。打造滨江滨河滨湖三条自然生态景观带，营造洪湖特色的水乡园林景观。

三、工程效益

（1）经济效益。2017—2020年，洪湖市农业面源污染防治优先项目和重点项目可以直接拉动全市经济的增长，增加居民收入。其中农业清洁生产建设工程可通过提高农产品质量，提升农产品附加值，促进农业增收。

（2）生态效益。通过发展生态农业、深入实施农村环境综合整治、推进美丽乡村和生态村镇建设，农业农村生态环境将不断改善，畜禽养殖、水产养殖等农业面源污染得到有效控制，农村生活垃圾和生活污水得到有效处置，环境污染负荷将大幅下降。同时生态文明建设将有力保障村镇饮用水的安全、增强农业生态系统抗灾能力、降低农药化肥施用强度，不断优化洪湖市农村生态环境。

（3）社会效益。通过实施基础设施建设以及环境综合整治，人们的居住环境将得到显著改善，人与社会、人与自然的关系将更加和谐。随着城镇居民和农民收入的增加以及城市化发展水平的不断提高，住房、交通、通信、给排水、环境卫生等基础设施逐步完善，城乡社会保障水平迅速提高，食品和饮水安全得到有效保障，人民生活质量显著提高。随着环境改善，生态环境教育进一步普及、生态文化得到广泛宣传、人们的生态环境意识越来越强，社会公众和整体素质将得到明显提高。

第九章　保障措施

一、加强组织领导

洪湖市成立以分管市长任组长的农业面源污染防治推进领导小组，及时加强对乡镇场工作的指导。小组下设办公室，挂靠农业局，农业系统要切实增强对农业面源污染防治工作重要性、紧迫性的认识，将农业面源污染防治纳入打好节能减排和环境治理攻坚战的总体安排，积极争取上级部门的关心与支持，及时加强与发展改革、财政、国土、环保、水利等部门的沟通协作，形成打好农业面源污染防治攻坚战的工作合力。

二、强化工作落实

领导小组要强化顶层设计，做好科学谋划部署，并加强对乡镇工作的督查、考核和评估，建立综合评价指标体系和评价方法，客观评价农业面源污染防治效果。农业部门要强化责任意识和主体意识，分工明确、责任到位，科学制定具体实施方案，加大投入力度，争取一批重大工程项目，加强监管与综合执法，确保农业面源污染防治工作取得实效。

三、加强执法力度

贯彻落实《农业法》《环境保护法》《畜禽规模养殖污染防治条例》等有关农业面源污染防治要求。切实完善农业投入品生产、经营、使用，节水、节肥、节药等农业生产技术及农业面源污染监测、治理等管理制度。依法明确农业部门的职能定位，围绕执法队伍、执法能力、执法手段等方面加强执法体系建设。

四、完善政策措施

不断拓宽农业面源污染防治经费渠道，保障测土配方施肥、低毒生物农药补贴、病虫害统防统治补助、耕地质量保护与提升、农业清洁生产示范经费的落实到位；积极申报种养结合循环农业、畜禽粪污资源化利用等项目，逐步形成稳定的资金来源。引导各类农业经营主体、社会化服务组织和企业等参与农业面源污染防治工作。

五、加强监测预警

建立完善农田氮磷流失、畜禽养殖废弃物排放、农田地膜残留、耕地重金属污染等农业面源污染监测体系，摸清农业面源污染的组成、发生特征和影响因素，进一步加强洪湖流域农业面源污染监测，实现监测与评价、预报与预警的常态化和规范化。加强农业环境监测队伍机构建设，不断提升农业面源污染例行监测的能力和水平。

六、强化科技支撑

加强与高等院校、科研院所的联系，促进科研资源整合与协同创新，紧紧围绕科学施肥用药、农业投入品高效利用、农业面源污染综合防治、农业废弃物循环利用、耕地重金属污染修复、生态友好型农业和清洁养殖关键技术问题，形成一整套适合洪湖市平原湖区农情的农业清洁生产技术和农业面源污染防治技术的模式与体系。健全经费保障和激励机制，进一步加强农业面源污染防治技术推广服务力度。

七、加强舆论引导

充分利用报纸、广播、电视、新媒体等途径，加强农业面源污染防治的科学普及、舆论宣传和技术推广，让社会公众和农民群众认清农业面源污染的来源、本质和危害。大力宣传农业面源污染防治工作的意义，推广普及化害为利、变废为宝的清洁生产技术和污染防治措施，让广大群众理解、支持、参与到农业面源污染防治工作。

八、推进公众参与

建立完善农业资源环境信息系统和数据发布平台，推动环境信息公开，及时回应社会关切的热点问题，畅通公众表达及诉求渠道，充分保障和发挥社会公众的环境知情权和监督作用。深入开展生态文明教育培训，切实提高农民节约资源、保护环境的自觉性和主动性，为推进农业面源污染防治的公众参与创造良好的社会环境。

参考文献

[1] 何全生，艾红武，姚晶晶. 洪湖市农业面源污染现状调查与治理对策 [J]. 绿色科技，2018（12）：67-69.

[2] 杨林章，冯彦房，施卫明，等. 我国农业面源污染治理技术研究进展 [J]. 中国生态农业学报，2013，21（01）：96-101.

[3] 杨林章，施卫明，薛利红，等. 农村面源污染治理的"4R"理论与工程实践——总体思路与"4R"治理技术 [J]. 农业环境科学学报，2013，32（01）：1-8.

[4] 马玉宝，陈丽雯，刘静静，等. 洪湖流域农业面源污染调查与污染负荷核算 [J]. 湖北农业科学，2013，52（04）：803-806.

[5] 蔡金洲，张富林，黄敏，等. 湖北省典型区域地膜使用与残留现状分析 [J]. 湖北农业科学，2013，52（11）：2500-2504.

[6] 徐峰. 荆州市畜禽粪便资源对环境的潜在影响 [D]. 长江大学，2012.

[7] 刘静静. 江汉平原湖泊面源污染效应及调控机制研究 [D]. 长江大学，2012.

[8] 刘松. 荆州市农村饮用水水源地环境质量现状评价与可持续研究 [D]. 长江大学，2012.

[9] 左锋. 基于 CVM 的农业污染健康损失估算研究 [D]. 华中农业大学，2007.

[10] 叶萍. 农村水环境现状及评价 [D]. 华中师范大学，2014.

[11] 崔灿. 基于 GIS 的作物生境适宜性评价研究 [D]. 华中师范大学，2013.

[12] 陈诗波. 循环农业主体行为的理论分析与实证研究 [D]. 华中农业大学，2008.

[13] 胡丹. 洪湖水质及污染源调查与分析 [J]. 大众科技，2011（02）：80-81.

[14] 吴岩，杜立宇，高明和，等. 农业面源污染现状及其防治措施 [J]. 农业环境与发展，2011，28（01）：64-67.

[15] 胡久生，邢晓燕，康群，等. 湖北省农村环境污染典型调查——洪湖市万泉镇南昌村实证研究 [J]. 中国农业资源与区划，2011，32（01）：24-30.

[16] 吴永红，胡正义，杨林章. 农业面源污染控制工程的"减源—拦截—修复"（3R）理论与实践 [J]. 农业工程学报，2011，27（05）：1-6.

[17] 饶静，许翔宇，纪晓婷. 我国农业面源污染现状、发生机制和对策研究 [J]. 农业经济问题，2011，32（08）：81-87.

[18] 王夏晖，陆军，张庆忠，等. 基于流域尺度的农业非点源污染物空间排放特征与总量控制研究 [J]. 环境科学，2011，32（09）：2554-2561.

[19] 卢洋. 洪湖组合型体育休闲旅游的 SWOT 分析 [J]. 华中师范大学学报（自然科学版），2011，45（04）：669-675.

[20] 王欢欢，陈世俭. 土地利用结构变化对非点源污染的影响研究 [J]. 环境科学与技术，2011，34（S2）：25-28.

[21] 唐浩，熊丽君，黄沈发，等. 农业面源污染防治研究现状与展望 [J]. 环境科学与技术，2011，34（S2）：107-112.

[22] 马润美，刘章勇. 四湖地区农业活动对非点源污染的影响——以洪湖市为例 [J]. 湖北农业科学，2008（02）：179-181.

[23] 朱兆良，孙波. 中国农业面源污染控制对策研究 [J]. 环境保护，2008（08）：4-6.

[24] 李四平，王炎阶，陆剑. 洪湖市农村饮水安全主要问题与对策 [J]. 中国水利，2008（17）：47-48.

[25] 周文. "四化同步"推进中的县级政府行为研究 [D]. 武汉：华中师范大学，2014.

[26] 王炎阶. 洪湖农村水环境现状、问题、成因与对策 [A]. 湖北省水利学会. 实行最严格水资源管理制度高层论坛优秀论文集 [C]. 湖北省水利学会，2010：5.

[27] 晏群. 洪湖市粮食（中稻）产能建设遥感监测试点研究 [A]. 中国农业资源与区划学会.2013 年中国农业资源与区划学会学术年会论文集 [C]. 中国农业资源与区划学会，2013：11.

[28] 郑雄伟，郑国权，洪波.产地环境质量评价与绿色农产品生产研究——以湖北省洪湖市为例 [J].湖北工程学院学报，2017，37（06）：45-50.

[29] 姚家芬.洪湖市农村安全饮水水质现状及对策研究 [J].水资源开发与管理，2017（09）：59-62.

[30] 杨思蜜.洪湖市农业产业化问题研究 [D].武汉：华中师范大学，2013.

[31] 冯璐.洪湖水资源与当地经济耦合的实证研究 [D].武汉：湖北工业大学，2011.

[32] 王有基，胡梦红，周兵，等.从洪湖市老湾乡鱼塘水质状况分析影响养殖水环境的几点重要因素 [J].中国水产，2007（08）：76-78.

[33] 张维理，武淑霞，冀宏杰，等.中国农业面源污染形势估计及控制对策 I. 21 世纪初期中国农业面源污染的形势估计 [J].中国农业科学，2004（07）：1008-1017.

[34] 张维理，冀宏杰，Kolbe H.，徐爱国.中国农业面源污染形势估计及控制对策 II.欧美国家农业面源污染状况及控制 [J].中国农业科学，2004（07）：1018-1025.

[35] 张维理，徐爱国，冀宏杰，等.中国农业面源污染形势估计及控制对策 III.中国农业面源污染控制中存在问题分析 [J].中国农业科学，2004（07）：1026-1033.

[36] 全为民，严力蛟.农业面源污染对水体富营养化的影响及其防治措施 [J].生态学报，2002（03）：291-299.

[37] 刘文祥.人工湿地在农业面源污染控制中的应用研究 [J].环境科学研究，1997（04）：18-22.

[38] 赵永宏，邓祥征，战金艳，等.我国农业面源污染的现状与控制技术研究 [J].安徽农业科学，2010，38（05）：2548-2552.

[39] 梁流涛，冯淑怡，曲福田.农业面源污染形成机制：理论与实证 [J].中国人口·资源与环境，2010，20（04）：74-80.

[40]李秀芬，朱金兆，顾晓君，等.农业面源污染现状与防治进展[J].中国人口·资源与环境，2010，20（04）：81-84.

[41] 周亚莉，钱小娟.农业面源污染的生态防治措施研究 [J].中国人口·资源与环境，2010，20（S2）：201-203.

[42] 武淑霞.我国农村畜禽养殖业氮磷排放变化特征及其对农业面源污染的影响 [D].中国农业科学院，2005.

[43] 曲环.农业面源污染控制的补偿理论与途径研究 [D].北京：中国农业科学院，2007.

[44] 李海鹏.中国农业面源污染的经济分析与政策研究 [D].武汉：华中农业大学，2007.

[45]Sang Joon Chung，Hong Kyu Ahn，Jong in Oh，I. Song Choi，Seung Hoon Chun，Youn Kyoo Choung，In Sang Song，Kyoung Hak Hyun. Comparative analysis on reduction of agricultural non-point pollution by riparian buffer strips in the Paldang Watershed，Korea[J]. Desalination and Water Treatment，2010，16（1-3）.

[46]Edwin D. Ongley. Non-Point Source Water Pollution in China：Current Status and Future Prospects[J]. Water International，2004，29（3）.

[47]Michele Munafò，Giuliano Cecchi，Fabio Baiocco，Laura Mancini. River pollution from non-point sources：a new simplified method of assessment[J]. Journal of Environmental Management，2005，77（2）.

[48]R. Trauth，C. Xanthopoulos. Non-point pollution of groundwater in urban areas[J]. Water Research，1997，31（11）.

[49]Ping Zhang，Yunhui Liu，Ying Pan，Zhenrong Yu. Land use pattern optimization based on CLUE-S and SWAT models for agricultural non-point source pollution control[J]. Mathematical and Computer Modelling，2013，58（3-4）.

[50]Geon Ha Kim，Joong Hyun Yur. Effects of the non-point source pollution on the concentration of pathogen indicator organisms in the Geum River Basin，Republic of Korea[J]. KSCE Journal of Civil Engineering，2004，8（2）.

[51]C. E. Lin，C. M. Kao，Y. C. Lai，W. L. Shan，C. Y. Wu. Application of integrated GIS and multimedia modeling on NPS pollution evaluation[J]. Environmental Monitoring and Assessment，2009，158（1-4）.

[52] 张从.中国农村面源污染的环境影响及其控制对策 [J].环境科学动态，2001（04）：10-13.

[53] 李远，王晓霞.我国农业面源污染的环境管理：背景及演变 [J].环境保护，2005（04）：23-27.

[54]Minhwan Shin, Jeongryeol Jang, Suin Lee, Younshik Park, Youngjoon Lee, Yongchul Shin, Chulhee Won. Application of Surface Cover Materials for Reduction of NPS Pollution on Field - Scale Experimental Plots[J]. Irrigation and Drainage, 2016, 65.

[55]Chulhee Won, Minhwan Shin, Suin Lee, Younshik Park, Youngjoon Lee, Yongchul Shin, Joongdae Choi. NPS Pollution Reduction from Alpine Fields using Surface Cover Material and Soil Amendments[J]. Irrigation and Drainage, 2016, 65.

[56]Woonji Park, Jiyeon Seo, Yonghun Choi, Gunyeob Kim, Dongkoun Yun, Wongu Jeong, Suin Lee. Effect of System of Rice Intensification on Water Productivity and NPS Pollution Discharge[J]. Irrigation and Drainage, 2016, 65.

[57] 崔键，马友华，赵艳萍，等 . 农业面源污染的特性及防治对策 [J]. 中国农学通报，2006（01）：335-340.

[58] 何浩然，张林秀，李强 . 农民施肥行为及农业面源污染研究 [J]. 农业技术经济，2006（06）：2-10.

[59] 柴世伟，裴晓梅，张亚雷，等 . 农业面源污染及其控制技术研究 [J]. 水土保持学报，2006（06）：192-195.

[60] 张琳杰，李峰，崔海洋 . 传统农业生态系统的农业面源污染防治作用——以贵州从江稻鱼鸭共生模式为例 [J]. 生态经济，2014，30（05）：131-134.

[61] 金书秦，魏珣 . 农业面源污染：理念澄清、治理进展及防治方向 [J]. 环境保护，2015，43（17）：24-27.

[62] 侯佳卉 . 农民分化背景下农业生产环节外包行为的影响因素研究 [D]. 荆州：长江大学，2017.

[63] 莫明浩，任宪友，王学雷，等 . 基于生态足迹与水足迹的洪湖市可持续发展研究 [J]. 华中师范大学学报（自然科学版），2009，43（03）：515-518.

[64] 金书秦，沈贵银，魏珣，等 . 论农业面源污染的产生和应对 [J]. 农业经济问题，2013，34（11）：97-102.

附件 1 洪湖市重要农业资源清单

序号	资源类别	指标	单位	历年
1	耕地资源	农用地面积	万亩	234.64
2		耕地面积	万亩	139.06
3		园地面积	万亩	0.23
4		基本农田面积	万亩	132.54
5		高标准农田面积	万亩	101
6		土壤有机质含量	克/千克	22.4
7		土壤全氮含量	克/千克	1.450
8		土壤有效磷含量	毫克/千克	13.3
9		土壤速效钾含量	毫克/千克	98.8
10		土壤 pH 值		7.3
11	草地资源	草原面积	万亩	—
12		草原综合植被盖度	%	—
13		天然草原产草量（鲜草）	万吨	—
14	渔业水域资源	渔业水域面积	万亩	86.99
15		内陆水域面积	万亩	86.99
16		湖泊面积	万亩	53
17		海区海域面积	万亩	—
18		淡水养殖面积	万亩	86.99
19		海水养殖面积	万亩	—
20	农业生物资源	油料作物品种	主要品种	油菜、芝麻、花生
21		棉麻作物品种	主要品种	棉花
22		糖类作物品种	主要品种	甘蔗
23		果蔬作物品种	主要品种	西甜瓜、莴苣、白菜、莲藕
24		主要牲畜品种	主要品种	猪、牛、羊
25		主要家禽品种	主要品种	鸡、鸭
26		主要淡水鱼品种	主要品种	四大家鱼、河蟹、小龙虾、鳜鱼、黄鳝、龟鳖
27		主要海水鱼品种	主要品种	—

续表

序号	资源类别	指标	单位	历年
28	农业生物资源	野生植物资源品种	主要品种	野莲、野菱、野茭白、野芡实、野大豆
29		主要食用菌品种	主要品种	平菇
30		主要药用菌品种	主要品种	—
31		外来入侵物种	主要品种	水花生、水葫芦、福寿螺、烟粉虱
32	农业气候资源	平均气温	℃	17.3
33		年最高气温	℃	39.6
34		年最低气温	℃	−13.2
35		日照时数	小时	1845.2
36		≥0度积温	度·日	17.8
37		≥10度积温	度·日	21.9
38		无霜期	日	237
39	水资源	水资源总量	亿吨	13.4965
40		降水量	毫米	1226.9
41		地表水资源量	亿吨	12.2319
42		地下水资源量	亿吨	2.5382
43		地表水与地下水重复量	亿吨	1.2736
44		农业用水	亿吨	4.7980
45		生态用水	亿吨	0.0046
46		河流水质达标率	%	70
47		节水灌溉面积	万亩	4.7
48		耕地灌溉面积	万亩	152.73
49		万亩以上灌区耕地面积	万亩	166.2
50		农田灌溉水有效利用系数		0.55
51		机电排灌站数	个	578
52		机电排灌站装机容量	千瓦	80682
53		机电井眼数	个	44994
54		机电井眼数装机容量	千瓦	584922

附件2　洪湖市农业面源污染防治规划（2017—2025）

第一章　规划背景

第1条　国家要求

随着人口增长、消费结构升级、农产品的需求增长，农业资源环境保护面临着刚性排放及旧账偿还的双重压力，农业面源污染等农业环境突出问题逐年显现，成为政府高度重视、社会公众高度关注的焦点。党的十八大以来，生态文明建设被提升到国家"五位一体"总体战略，习总书记明确指出，农业发展不仅要杜绝生态环境"欠新账"，而且要逐步"还旧账"，打好农业面源污染治理攻坚战。2016年9月农业部发布《关于打好农业面源污染防治攻坚战的实施意见》，2017年3月农业部印发《2017年农业面源污染防治攻坚战重点工作安排》，要求各地把农业面源污染防治作为生态文明建设的主要任务加以落实。

第2条　地方需求

洪湖市是全国重要的粮棉油和水产基地，也是湖北省第一大湖洪湖所在地。近年来，受经济发展、人口增多、产业结构不合理等因素影响，流域内水环境持续恶化，直接威胁到洪湖的水质稳定。虽然洪湖市人民政府积极开展洪湖综合整治，加强基础设施建设和相关政策制度完善，但水污染问题并未得到根本解决。为改善洪湖流域水环境质量，控制农业面源污染，逐步恢复流域水生态环境良性循环，实现区域经济、社会和环境的协调发展，编制和实施农业面源污染防治规划十分必要。

第3条　支撑条件

洪湖市地处湖北省中南部，江汉平原东南端。东南枕长江，与嘉鱼、赤壁和临湘隔江相望，西傍洪湖，与监利毗邻，北依东荆河，与汉南、仙桃接壤。既是鄂西生态文化旅游圈的东南门户，也是武汉城市圈的"观察员"，同时处于湖北长江经济带的重要节点，在洪湖市开展农业面源污染防治方面，具有很好的带动作用和区位显示度。具体表现在：

一是生态地位重要。根据《全国生态功能区划》，洪湖市属于"洪水调蓄功能区"，具有湿地恢复与保护生态功能，洪湖作为全国第七大淡水湖泊，是国家级湿地自然保护区；长江新螺段是白鳍豚国家级自然保护区。两个国家级保护区对于长江中游水质净化和生物多样性保护具有举足轻重的作用。

二是农业资源丰富。洪湖市是全国粮食生产先进县（市），全市农用地 261 万亩，占洪湖市国土面积的 69%，人均耕地面积 2.81 亩，是湖北省平均水平（1.36 亩 / 人）的 2.1 倍；洪湖市地处"四湖"（长湖、三湖、白露湖、洪湖）诸水汇归之地，素有"百湖之市""水乡泽国"之称，是全国农田水利建设先进县（市）。全市人均水资源量 2528 立方米，是湖北省人均水资源量（1732 立方米）的 1.46 倍。

三是农业基础厚实。洪湖市依托特色资源优势，积极推动农业生产方式转变，已形成优质水稻、双低油菜、水生蔬菜、设施蔬菜、水产水禽五大优势产业。农产品中无公害、绿色、有机农产品种植面积 98%；开展测土配方施肥占农作物种植面积的 85%。是中国淡水水产第一市（县）和湖北唯一的省级水产品加工示范园区，素有"鱼米之乡"和"人间天堂"的美誉。

四是农村旅游兴旺。洪湖市是全国红色旅游工作先进县（市），拥有湿地生态、红色旅游、三国文化、地热温泉等丰富的旅游资源。2015 年接待游客突破 377 万人次，总收入逾 21.87 亿元，乡村旅游产业带动了金融、流通等服务行业的发展，逐渐成为洪湖市经济发展新的增长极。

五是建设机遇良好。随着国家生态文明建设新时代的到来和长江大保护战略实施，绿色发展将成为农业农村经济的新引擎。洪湖市是传统的农业大市，但所生产的粮棉油渔等大宗农产品，与国际市场相比，在成本与品质上都缺乏竞争力。目前党中央要求充分发挥政府引导作用和市场配置资源的决定性作用，创新体制机制，大胆创新，主动作为，支持创业创新，因地制宜加快农业结构调整，大力发展绿色高产高效农业、特色产业、设施农业、休闲农业、农产品加工业，调优品质、调高产值和调增效益，对于洪湖市农业发展和农业面源污染防治带来了新的机遇。

六是上级政府扶持。近几年的"中央一号文件"都积极推进"三品一标"发展，湖北省农业发展"十三五"规划纲要指出，到2020年，基本实现"一控两减三基本"。各级政府为此设立了专项支持。

七是市场前景光明。随着生活水平的提升，人们对美好生活的向往与追求日益强烈。对"天蓝、水清、土净"等公共产品需求迫切，对中高端农产品、安全优质农产品以及差异化、个性化、特色性、功能性、休闲性等农业产品需求旺盛。高质量的产品需要高质量的环境，高质量的环境需要农业面源污染的整治。通过面源污染防治保护绿水青山，通过绿水青山实现农业价值。

第4条 主要问题

农业面源污染是洪湖水环境恶化的重要原因之一，特别是近年发展迅速的水产养殖、畜禽养殖、种植业化肥的大量施用和村镇未经处理生活污水的随意排放，对面源污染的影响较大。具体表现在：

一是地表水质达标率不高。洪湖市河流3个例行监测断面中，2015年四湖总干渠监测断面符合Ⅲ类标准的月份占全年监测月份的33.3%，汉洪大桥断面水质达到Ⅲ类标准的月份比率为50%。洪湖大湖共设9个监测断面，2013—2015年洪湖9个监测断面中，符合Ⅱ类标准的断面占监测断面的比例分别为44.4%、44.4%和0%。与2013、2014年相比，2015年洪湖水质下降，主要超标项目为总磷、化学需氧量和高锰酸盐指数。

二是农业污染排放量很大。2015年洪湖市主要污染物排放量分别为化学需氧量25518吨/年，第一排放大户是水产养殖，占44%；总氮排放5461吨/年，第一排放大户是畜禽养殖，占40%；总磷排放1083吨/年，第一排放大户是畜禽养殖，占63%；氨氮排放4991吨/年，第一排放大户是农业种植，占49%。从入河污染物来看，洪湖市第一大污染源为农业种植产生的面源污染，占36%；其次为水产养殖产生的污染，占25%；再次为畜禽养殖产生的污染，占15%。也就是说，随着城市和工业污水处理率的提高，农业面源污染已经成为洪湖市水污染物排放的"主力军"。

三是化肥用量仍在高位运行。2016年，洪湖市施用化肥实物量为187056吨，单位施用量112.33千克/亩，折纯大约为24.20千克/亩，比全国平均水平（21.9千克/亩）高10.5%，远高于世界平均水平（每亩8千克），是美国的2.85倍，欧盟的2.77倍。

四是农药减量进展缓慢。洪湖市使用农药按折纯量计算，2015 年 3670 吨，单位施用量为 2.20 千克 / 亩，高出全国平均水平 0.3 千克 / 亩，病虫害综合防治率 70%。

五是作物秸秆处理依然粗放。据调查测算，洪湖市 2016 年粮食作物秸秆产生总量约 95 万吨。其中，作为农村生活用能作燃料直接焚烧的秸秆约占 10%；堆放在田间地头、随意抛弃的秸秆约占 5%；作为饲料、肥料综合利用秸秆总量约占 85%。部分农户将秸秆长期弃置堆放或推入河沟，日晒、雨淋、沤泡引起腐烂，污染水体。

六是畜禽养殖污染比较严重。据调查，2015 年末洪湖市生猪存栏 42.7 万头、牛存栏 13309 头、羊存栏 1878 只，家禽存笼 870.75 万羽，畜禽粪便的资源化处理率虽然已达 90%，但仍有 10% 未经过无害化处理，直接排入附近的沟渠、鱼塘，给生活环境特别是水环境带来严重的污染和危害。

七是水产养殖容量超载。全市淡水养殖面积 87.7 万亩，年淡水产品总量 48.5 万吨左右。一些水产养殖户和规模化养殖场为了追求经济效益，大量投入饵料，利用各种废弃料和畜禽粪便作为水产饲料，投饵量最多的草鱼高达 1000~1500 千克 / 亩，使水质严重恶化，这些水又直接排放于农田或沟渠，造成农业面源污染。

第二章　规划指导思想、基本原则和目标指标

第 5 条　指导思想

以习总书记"两山论"为指导，按照建设资源节约型和环境友好型社会的要求，坚持以人为本、城乡统筹、以环境保护优化经济增长，把洪湖市农村面源污染控制与产业结构调整、节能减排、推进环境友好的农村生产生活方式、推行循环高效的现代生态农业结合起来，强化农村环境综合整治，建设农村生态文明，积极探索农村环境保护新道路，为农村地区有效控制面源污染提供典型示范和经验借鉴，为构建全面小康社会提供水环境安全保障。

第 6 条　基本原则

一是坚持以人为本、注重民生原则，将与人体健康密切的环境问题作为本规划的重要关注点。坚持突出示范、强化基础原则，体现洪湖市农业面源污染治理的典型示范性，突出"一控两减三基本"示范工程的建设成果；坚持分类指导、

分区治理原则，根据不同区域的特点，划分面源污染管控分区，选取分类治理模式，提高治理成效；坚持循环再生、节约高效原则，提高农业废弃物的循环利用水平，最大限度地提高土地、水资源的利用率，使经济活动对自然环境的影响和压力降到最低；坚持突出重点、注重实效原则，针对畜禽污染处理、地膜回收、秸秆焚烧等重点问题采取有效措施，通过资源化利用的办法从根本上解决好这个问题；坚持统筹规划、分步推进原则，根据洪湖农业和农村面源污染特点与经济发展水平，确定各阶段的规划目标和任务，优先解决影响面广、矛盾突出的问题，分步加以落实。

第7条　总体思路

坚持转变发展方式、推进科技进步、创新体制机制的发展思路。把转变农业发展方式作为防治农业面源污染的根本出路，促进农业发展由主要依靠资源消耗向资源节约型、环境友好型转变，走产出高效、产品安全、资源节约、环境友好的现代农业发展道路。把推进科技进步作为防治农业面源污染的主要依靠，提升农业科技自主创新能力，坚定不移地用现代物质条件装备农业，用现代科学技术改造农业，全面推进农业机械化，加快农业信息化步伐，加强新型职业农民培养，努力提高土地产出率、资源利用率和劳动生产率。把创新体制机制作为防治农业面源污染的强大动力，培育新型农业经营主体，发展多种形式适度规模经营，构建覆盖全程、综合配套、便捷高效的新型农业社会化服务体系，探索建立农业面源污染防治的生态补偿机制。

第8条　规划目标

到2025年，通过推进以面源污染防治为核心的水污染系统控制行动，使洪湖水生态环境得到明显改善，环境基础设施规范化，洪湖流域水环境管理体系日臻完善，人水高度和谐，把洪湖市建设成为"全国生态循环农业示范县（市）"和"全国农业可持续发展示范区"。规划涵盖洪湖市全域，分两期实施，2017—2020年是重点规划期，2021—2025年为规划展望期。

第9条　规划指标

力争到2020年农业面源污染加剧的趋势得到有效遏制，实现"一控两减三基本"。"一控"，即严格控制农业用水总量，大力发展节水农业，农田灌溉水有效利用系数达到0.55；"两减"，即减少化肥和农药使用量，实施化肥、农药零增长行动，确保测土配方施肥技术覆盖率达90%以上，农作物病虫害绿色防控覆盖率达 30% 以上，肥料、农药利用率均达到 40% 以上，主要农作物化肥、农药使用量实现零增长；"三基本"，即畜禽粪便、农作物秸秆、农膜基本资源化利用，大力推进农业废弃物的回收利用，确保规模畜禽养殖场（小区）配套建设废弃物处理设施比例达 75% 以上，秸秆综合利用率达 85% 以上，农膜回收率达 80% 以上。农业面源污染监测网络常态化、制度化运行，农业面源污染防治模式和运行机制基本建立，农业资源环境对农业可持续发展的支撑能力明显提高，农业生态文明程度明显提高，洪湖水质得到有效保障。

第 10 条　对标分析

已达到国家要求的指标：共有无公害、绿色、有机农产品基地占耕地面积比例（要求 60%，是 98.1%）、生态环境状况指数（要求 55%，实际 58%）、党政领导干部参加生态文明培训的人数比例（要求 100%，实际 100%）3 项指标达到国家要求，占指标总数的 16%。

有望在 2020 年达标的指标：农田灌溉系数（要求 0.55，实际 0.499）、城镇污水处理率（要求 80%，实际 72%）、化肥施用总量（要求折纯 54032 吨，实际 56876 吨）、农药施用（要求 3486 吨，实际 3670 吨）、测土配方施肥面积覆盖率（要求 90%，实际 79%）、农膜回收率（要求 80%，实际低于 10%）、生活垃圾无害化处理率（要求 85%，实际 82%）、水质达到或优于 Ⅲ 类比例（要求 80%，实际 50%）、农村卫生厕所普及率（要求 90%，实际 50%）、公众对生态文明的满意度（要求 80%，实际 59%）。共 11 项，占指标总数的 58%。

需重点突破的指标：包括农田灌溉系数（要求 0.53，实际 0.449）、化肥施用强度（要求 225 千克／公顷，实际 363.12 千克／公顷）、集约化畜禽养殖场粪便综合利用率（要求 85%，实际 50%）、畜禽养殖场（小区）配套建设废弃物处理设施比例（要求 75%，实际 45%）、农作物病虫害绿色防控覆盖率（要求 30%，实际 5.53%）。共 5 项，占指标总数的 26%。

第 11 条　规划实施方略

总体战略按照"一个中心、两个示范、三个抓手、五项指标、七项任务、八大工程"分解推进。

紧扣一个中心：以洪湖水环境保护为中心，规划期 2020 年水质总体达到地表 Ⅲ 类，展望期 2025 年洪湖自然保护区核心区达到 Ⅱ 类、大水面达到 Ⅲ 类。

建设两个示范：以"清洁水源、清洁家园、清洁田园"为基本手段，力争在

2020 年之前纳入"全国生态循环农业示范县（市）"和"全国农业可持续发展示范区"两个示范区建设。

强化三个抓手：即"一控两减三基本"。"一控"，即严格控制农业用水总量，大力发展节水农业；"两减"，即减少化肥和农药使用量，实施化肥、农药零增长行动；"三基本"，即畜禽粪便、农作物秸秆、农膜基本资源化利用，大力推进农业废弃物的回收利用。

突破五个指标：对照《洪湖市农业面源污染防治规划指标体系》，对国家有明确要求的难达标的约束性指标重点突破，一是农田灌溉系数由 0.449 到 2020 年提高到 0.53，2025 年达到 0.55；二是化肥施用强度由 363.12 千克 / 公顷降到 2020 年的 300 千克 / 公顷，2025 年降低到 200 千克 / 公顷以下；三是集约化畜禽养殖场粪便综合利用率由 50% 提高到 2020 年的 85%，2025 年达到 90%；四是畜禽养殖场（小区）配套建设废弃物处理设施比例由 45% 提高到 2020 年的 75%，2025 年达到 80%；五是农作物病虫害绿色防控覆盖率由 5.53% 提高到 2020 年的 30%，2025 年达到 40%。

完成七大任务：一是发展农业节水，二是防治畜禽养殖污染，三是防治水产养殖污染，四是控制农业种植面源污染，五是加快农村环境综合整治，六是有效建立农村垃圾收集处理体系，七是修复农村水生态环境。

实施八大工程：对应重点突破的指标和应完成的任务，在 2020 年之前实施八大优先工程：一是化肥减量工程，二是农药减量工程，三是秸秆综合利用工程，四是畜禽养殖废弃物处理工程，五是水产养殖污染防治工程，六是农村环境清洁工程，七是农业生态修复工程，八是农业环保能力建设工程。

第三章　主要任务

第 12 条　发展农业节水

实施提高农田灌溉基础设施水平、改进耕作和排灌方式、保水保墒等技术措施，实现农业种植制度和栽培技术从传统粗放型向现代集约节水型转变，农田用水从高耗低效型向节水高效型转变。推广渠道防渗、管道输水、喷灌、微灌等节水灌溉技术，完善灌溉用水计量设施。全面开展农业节水，积极建设现代化灌排渠系。加快灌区节水改造，扩大管道输水和喷微灌面积。具体任务包括：

一是提高农村水资源利用效率。全面实施区域规模化高效节水灌溉行动，推动农业用水从高耗低效型向节水高效型转变。结合高标准农田建设，改善农田水源保障条件，配套节水基础设施，鼓励采用喷灌、滴灌和渗灌技术，实现水资源高效与可持续利用。加强农田水利设施建设，继续实施隔堤大型灌区续建配套与节水改造建设，深入推进下内荆河大型灌区、沿湖中型灌区续建配套与节水改造建设，着力提高农业综合生产能力。

二是促进农业集约化发展。重点发展优质再生稻、双低油菜等传统优势产业，积极推广再生稻，提升"一镇一品""一村一品"发展水平；重点打造全国再生稻"第一县（市）"、推动富硒水稻种植产业园建设，推动种植业特色化、品牌化发展；以培育壮大新型经营主体为核心，推行"龙头企业＋农村专合组织＋农户""龙头企业＋基地＋农户"的经营模式，发挥龙头企业的辐射带动作用。实施农产品"四个一批"工程，突破性发展精深加工，促进德炎水产、华贵水产、洪湖浪、晨光实业等龙头产业集群；鼓励龙头企业与农民结成紧密的利益共同体，让农民更多地分享产业化经营成果；鼓励龙头企业加大科研投入，提高农产品精深加工和新产品研发能力，增强企业自主创新能力和核心竞争力。通过集约化和规模化提高农业经济水平和水资源利用效率。

三是发展旱作和水生农业。重点推进水生蔬菜、城郊设施蔬菜、有机大豆和马铃薯产业发展，强化标准化核心示范基地、水生蔬菜基地建设，完善产业链条，发挥富硒和有机优势，提升市场竞争力。

四是发展休闲观光农业。充分发挥洪湖市自然景观资源优势，以新农村建设为发展契机，在新滩、滨湖、瞿家湾、燕窝、龙口、老湾等乡镇，建设一批以新农村观光体验为主题的特色村庄和休闲度假基地，提升农业的生态价值、休闲价值和文化价值，着力打造一、二、三产业融合的"六次产业"。

第 13 条　防治畜禽养殖污染

贯彻落实国务院《畜禽规模养殖污染防治条例》，制定年度方案，科学规划布局，推行标准化规模养殖。重点开展畜禽养殖清粪方式改造，散养密集区要实行畜禽粪便污水分户收集、集中处理利用。现有规模化畜禽养殖场（小区）要配套建设粪便污水贮存、处理、利用设施。因地制宜推广畜禽粪污综合利用技术，规范和引导养殖废弃物资源化利用。自 2017 年起，所有新建、改建、扩建规模化畜禽养殖场（小区）应实施雨污分流、粪便污水资源化利用。具体任务包括：

一是提升畜禽产业化经营水平。着重抓好创祺牧业、温氏集团等养殖业龙头企业发展，推进龙头企业向规模化、集约化发展，形成一批养殖业龙头企业集群，创立一批市场占有率高、产品附加值高的品牌化产品；以利益连接为核心，以机制连接为保障，积极推广"公司（市场）＋基地＋农户"经营模式，实行标准化生产、规范化管理、风险共担、相互依存的产供销一体化、合理的利益联结机制。

二是加快推进畜禽养殖规模集约化发展。在畜禽养殖集中区域，因地制宜地建立一批农牧结合示范基地、生态牧业园（小）区、标准化生态养殖规模场，逐步推进规模以下养殖户和散养户向养殖小区集中，使畜禽养殖从低水平、分散性养殖向规模化、集约化、生态化养殖发展，提高全市养殖场规模化集约水平。

三是强化畜禽产品安全生产和管理。建立健全畜产品质量安全检测体系，定期对养殖小区（大户）农业投入品进行监督检查，从源头上把好动物产品质量安全关卡；建立畜产品质量可追溯制度，加强从养殖到餐桌全过程质量监管，大力发展无公害、绿色、有机畜产品生产；加强动物卫生监督执法检查，阻止病害动物及产品进入市场。

四是加快推进畜禽粪便资源化利用。加大市场化运作力度，通过招商引资，引导社会资金进入畜禽养殖粪污治理，使资源化利用达到企业化、市场化、高值化。大力推广农牧结合生态种养模式，大力推广"畜沼果（菜、林、渔）"等生态环保降本增效的养殖模式，实现畜禽养殖粪污就地消纳，控制养殖污染。鼓励引进有机肥生产企业，有效利用畜禽排泄物资源。积极利用民间资本，发展专门从事"三沼"综合利用的社会化服务企业。采用土地处理系统、氧化塘以及人工湿地等技术进行畜禽粪污就地生态处理，实现畜牧业生态化发展。全力争取沼气建设项目，积极引导规模养殖户利用沼渣、沼液建设绿色无公害畜产品、蔬果基地。在散养高密度区域通过建立畜禽粪便收集处理中心，利用畜禽粪便稳步发展有机肥料厂，生产有机肥。

五是推广生态养殖模式。采用种养结合等方式，因地制宜地积极推广畜禽养殖清洁生产技术，建设一批畜禽养殖清洁生产示范区。2017年起，新建、改建、扩建规模化畜禽养殖小区要实行雨污分流、清洁生产、干湿分离，实施畜禽养殖废弃物资源化利用。

六是结合环境承载力，确定养殖场养殖规模。根据规模化畜禽养殖场周边土地对畜禽粪便的消纳能力，确定养殖规模，特别要加强大中型畜禽养殖场的规划管理，控制其发展规模和速度，严格控制区域单位耕地面积饲养量。对新建、改建、扩建的规模养殖场严格实行环境影响评价和"三同时"制度，发展环境友好型牧业。2017 年底前，按照《洪湖市畜禽养殖区域划分及管理暂行办法》，完成禁养区和限养区内畜禽养殖场（小区）的关停转迁。严禁在四湖总干渠流域沿线 500 米范围内新建畜禽养殖场。开展四湖总干渠沿线 500 米范围内规模化畜禽养殖场企业粪便综合利用工程，加快推进宝发生物科技、创祺牧业、绿园养鸡场、吴刿专业合作社及爱隆养鸡专业合作社等畜禽养殖场的改扩建项目，实施"雨污分离＋干清粪＋粪污收集＋有机肥生产"的处理模式。

第 14 条　防治水产养殖污染

按照不同养殖区域的生态环境状况、水体功能和水环境承载能力，科学划定禁养区、限养区。有序完成大湖拆围工作。水产养殖应符合功能区划要求，并取得主管部门的同意。加快湖泊周边人工围垦形成养殖垸塘的退垸还湖。加强水产养殖集中区域水环境监测，对达不到淡水池塘养殖水排放要求或严重污染水体的水产养殖场所进行清理整顿。开展禁止投肥养殖行动。建立水产养殖水体重金属和抗生素污染监管体系，加强养殖投入品管理，深化水产养殖水污染治理，进一步优化和推广清水养殖、稻田养殖等生态养殖技术，建设一批清洁水产养殖基地。2017 年底前，完成集中养殖区域内环境激素类化学品使用情况调查，强化风险监控。具体任务包括：

一是发展高效生态水产养殖。优化水产养殖空间布局。根据洪湖市的资源地理特点和现有产业基础，打造稻—渔综合种养区、蟹—虾复合生态养殖区、淡水鱼健康养殖区和名优水产—菜复合种养区等四大水产养殖板块。

二是强化洪湖湿地自然保护区保护与管理。贯彻落实《湖北洪湖湿地自然保护区总体规划》《洪湖湿地自然保护区管理暂行办法》《洪湖生态环境保护试点总体实施方案》，建立科学长效的保护管理机制，拆去养殖围栏围网，恢复洪湖湿地自然生态环境，维持湿地生物多样性。规范湖泊开发利用方式，按时完成湖泊勘界定桩、堤防达标和湖岸治理，保持湖泊形态稳定。加快湖泊生态改造，在易涝易渍地区，以退田还湖、平垸蓄洪为中心，加快湖滩、围垸、湖泊改造治理，逐渐恢复洪湖生态岸线。

三是发展绿色休闲渔业。"以发展绿色水产，打造休闲渔业"为目标，以蓝田生态旅游风景区、八卦洲湿地公园、乘风村、陈湾村等著名风景名胜区和旅游名村为重要依托，建立一批以渔港风光、渔村风情、水上游钓，湿地景观等为主题的现代休闲渔业基地。通过垂钓比赛、渔业饮食文化节、放鱼节、开渔节以及渔业科普、美术摄影等活动形式，不断挖掘、传承、弘扬、创新与渔业相关的观赏文化、餐饮文化、民俗文化。

第15条　控制农业种植面源污染

深入开展测土配方施肥，大力推广新肥料新技术，推进有机肥资源合理利用，减少化肥投入，提高耕地质量水平。大力推广低毒低残留农药、高效大中型药械，重点推行精准对靶施药、对症适时适量施药，推行农业病虫害绿色防控和专业化统防统治，实现农药减量减污。具体包括：

一是优化农业产业结构。以种养结合、地力培育为基础，以节地、节水、节种、节药、节肥、节能和资源循环利用为重点，开展农业生态系统闭路循环模式探索，促进农业生产由依靠资源消耗型向资源节约型、环境友好型转变，逐步形成"立体生态农业""循环农业""精确农业"发展模式。

二是提高秸秆综合利用率。推进秸秆肥料化、饲料化、燃料化、基料化、原料化利用，积极推进秸秆机械化粉碎还田、快速腐熟还田，有效提高秸秆肥料化利用率；支持规模化秸秆饲料生产企业技术改造和装备升级、推广秸秆饲料加工调制、全株玉米青贮、秸草搭配饲喂等秸秆养畜先进实用技术，鼓励生产优质秸秆生物饲料；加强以秸秆基料化利用为纽带的生态农业建设，建设秸秆粉碎、打包加工店，生产可用于水稻育种、无土栽培的基料和育种秧盘；推进秸秆燃料化重点工程，以气化、炭化、固化和沼气四类工程为主，积极发展生物质电厂、秸秆沼气工程、秸秆气化工程；探索秸秆原料化利用的最优模式，鼓励利用秸秆生产建筑装饰材料、板材等，支持利用秆皮、秆芯生产高强低伸性纤维、人造板、纺织工业用纤维以及其他工业用增强纤维等。

三是做强"三品一标"产业。发展种养结合生态循环农业，推行减量化和清洁生产技术，打造一批无公害、绿色、有机食品生产基地，提高无公害、绿色、有机农产品比重。加强农产品地理标志登记保护与开发利用工作，推进区域优势与特色农产品"三品一标"产业建设，创建生态农业精品名牌。做大做强水产、再生稻、富硒水稻、水生蔬菜等特色农业。

四是推进农作物病虫害绿色防控。建立病虫害综合防治——绿色防控示范园区，推广绿色防控技术，开展专业化统防统治与绿色防控融合。到2020年，农作物病虫害统防统治覆盖率达到 30% 以上。

五是降低化肥农业实用强度。鼓励使用有机肥、高效低毒低残留农药及生物农药，广泛使用复合肥、有机肥、农家肥，控制和降低农药化肥施用量。到 2020 年，有机化肥利用率提高到 40% 以上，主要农作物农药利用率达到 40% 以上，主要农作物农药化肥实用总量在 2015 年基础上削减 5%，实现负增长。

六是强化测土配方施肥。到 2020 年，测土配方施肥技术推广覆盖率达到 90% 以上。以农业龙头企业带动基地建设，以农业示范园区带动周边地区，以农业专业合作社带动普通农户的方式，将配方施肥和生态农业的先进技术普及每家每户。

七是加强农产品质量安全监管。突出重点，强化检测服务、监管服务、技术服务和联动服务，推进农技推广服务体系、农产品检测中心、动物防疫体系建设，建立健全全市乡镇农产品质量安全检验体系；推行农产品质量安全追溯制度，建立产品产地准出与市场准入有机结合的农产品质量安全全程监控制度，实现"生产有记录、流向可追踪、质量可追溯、责任可界定"，认真落实农产品、畜产品生产档案记录制度和投入品使用管理制度，严格规范农产品产地准出与市场准入监管工作。

第 16 条　加快农村环境综合整治

编制农村生活污水治理方案，落实"以奖促治""以奖代补"政策，巩固和扩大农村环境连片整治成果。具体任务包括：

一是保障农村饮水安全。结合洪湖市乡镇水源地分布实际，根据已设置的界碑、警示牌，划定的 18 个乡镇集中式饮用水水源地保护区，明确一级、二级保护区和准保护区范围。完成洪湖市城区、长江沿线各乡镇、沿东荆河各乡镇、沿内荆河各乡镇集中式饮用水水源保护区污染整治与隔离防护工程，全面清除一级保护区内与供水设施和水源保护无关的建设活动，关闭龙口水厂水源地附近养鸡场、长江沿线采砂场（码头）等违建设施，消除长江沿岸安全隐患。加强集中式饮用水水源地环境监测能力建设，定期监测、检测和评估饮用水水源、自来水厂出水和农户水龙头水质等饮水安全状况，每季度定期向社会公开乡镇以上集中式饮水安全状况信息。

二是全面推进农村生活污水处理。对于截污纳管条件成熟的农村地区以及城乡接合部的村庄，加快镇村截污支次管网工程建设，将村镇污水纳入中心城区或集镇或经济开发区污水收集管网。对远离集镇、经济开发区的农村，因地制宜采用厌氧＋农灌利用、厌氧＋微动力、厌氧＋人工湿地、沼气生态利用等方式处理农村生活污水。对于经济条件好但不具备纳管条件的行政村，采取独立建设生活污水处理设施的方式，解决区域生活污水无害化处理问题。

三是推进美丽乡村建设。立足乡村自然条件、资源禀赋、产业发展、民俗文化，在保护乡村原始风貌、保留村庄原有形态的前提下，按照"空间优化形态美、绿色发展生产美、创业富民生活美、村社宜居生态美、乡风文明和谐美"要求努力打造一批产业发展型、旅游休闲型、传统村落型、自然生态型等各具特色的美丽乡村示范村。坚持以"因陋就简、简单实用、整洁美观、时尚高雅"为基本指导思想，改造提升农村建筑风貌。按照总体格调要求，对外观形象进行细节性改造，保持农房结构和设施在生产生活中的实用功能不弱化，简单实用；改造后的外观效果达到整洁美观；在装饰效果上达到格调高雅、时尚，以提升乡村风貌总体形象，彰显地方特色。

四是推进农村厕所改造。采取以点带面与重点突破相结合，以清除露天粪坑、建设卫生厕所为重点，集合城镇污水处理工程、农村沼气建设、规模推进农村改厕及人畜禽粪便无害化处理工程。一般户厕主要采用三格式化粪池建设与改造；畜禽养殖户、"农家乐"经营户提倡沼气池方式改厕；卫生公厕按三类或三类以上公厕标准建造。

第 17 条　建立农村垃圾收集处理体系

因地制宜，科学确定不同地区农村垃圾的收集、转运和处理模式，推进农村垃圾就地分类减量和资源回收利用。优先利用城镇处理设施处理农村生活垃圾；选择符合农村实际和环保要求、成熟可靠的终端处理工艺，因地制宜推行卫生填埋、焚烧、堆肥或沼气处理等方式。具体任务包括：

一是完善生活垃圾收集转运设施。根据各乡镇生活垃圾实际产生量，扩建乡镇垃圾收集处理设施。扩建瞿家湾镇、沙口镇、汊河镇、小港管理区、峰口镇、戴家场镇、万全镇、曹市镇、府场镇、燕窝镇、乌林镇、龙口镇、新滩镇、大同湖、大沙湖、老湾乡、滨湖、螺山等集中式生活垃圾收集转运设施。

二是新建垃圾焚烧厂。垃圾焚烧发电是目前世界各国普遍采用的垃圾处理方式，也是"十三五"期间洪湖市垃圾资源化利用的主要方式。"十三五"期间，洪湖市将采取焚烧和填埋相结合的模式，建设以焚烧发电为主、生化和填埋为辅的生活垃圾处理体系。加快推进小港管理区生活垃圾焚烧发电厂建设，以提高全市生活垃圾资源化利用水平。

三是积极推动生产生活方式的绿色转型。在产品的设计、制造、消费过程中，尽可能地避免产生废弃物，使固体废弃物达到最小量。无法避免产生的固体废弃物也要最大限度地转化为二次资源，循环利用。确无利用价值的，才允许进行无害化最终处置，从源头上控制固体废物的产生量。树立绿色发展的理念，以绿色理念推动生活方式和消费模式变革。提倡绿色消费和绿色生活方式，鼓励居民使用环保产品和环保用品，在日常生活中自觉形成良好的生活习惯，促进生活废物的循环利用，如有意识使用环保购物袋，减少或杜绝使用一次性塑料袋、一次性筷子等，合理使用电池等。

四是完善城乡一体化生活垃圾分类收集系统。环境卫生"门前三包、分区包干、定责定薪、联合考核"的长效保洁机制，做到人员、制度、职责、经费四落实。按照"户分类—村收集—镇运输—市处理"模式建立垃圾收集处理体系。积极借鉴大同湖、瞿家湾等乡镇的成功经验，各行政村按每 5 户配置两个垃圾箱，分别收集餐厨垃圾和其他垃圾；各行政村按照每 100~150 户配 1~2 名专职或兼职保洁员，负责区域的垃圾清扫及针对垃圾箱中的可回收与不可回收垃圾的分类工作；各乡镇建设一座生态堆肥场，用于餐厨垃圾进行厌氧发酵，最后生成的残渣可用于有机肥还田；每个行政村配备垃圾清运车 1 辆，分开运输餐厨垃圾、保洁员分拣出的可回收垃圾和不可回收垃圾，餐厨垃圾可集中运输至各乡镇的生态堆肥场，不可回收垃圾统一运往各乡镇的生活垃圾收集转运场所，最后由乡镇集中组织垃圾运输车将不可回收垃圾运送至中心城区的垃圾填埋场或垃圾焚烧厂进行无害化处理。

五是建设有机堆肥场。在城区周边建设一座生态堆肥场，用于消纳餐厨垃圾，进行沼气池厌氧发酵，发酵后沤制成的农家肥可用于还田。不可回收垃圾可统一运送至垃圾填埋场或垃圾焚烧厂进行无害化处理。对于金属、纸类等可回收垃圾，可鼓励有偿回收废物利用，实行废物回收利用持证管理，建成再生资源回收体系，逐步规范废旧回收制度。

六是开展垃圾分类试点。2017 年，中心城区全面开展生活垃圾分类试点工作；2018 年中心城区全部实施生活垃圾分类；2019—2020 年，逐步扩大生活垃圾分类实施范围，中心城区实现生活垃圾分类全覆盖，各镇区基本实现生活垃圾分类全覆盖；2021—2025 年，各行政村实现农村生活垃圾分类收集，全市实现生活垃圾分类全覆盖。

七是强化固体废物监管。积极推进工业企业实施生态化改造，推进清洁生产，从源头上减少工业固体废物的产生量。建设工业固废贮存或处置设施和场所，对工业固体废物进行安全贮存或处置。

第 18 条　修复水生态系统

在农村积极开展河道、小塘坝的清淤疏浚、岸坡整治，实施河渠连通工程，建设生态河塘，提高农村地区水源调配能力、防灾减灾能力、河湖保护能力，改善农村生活环境和河流生态环境。具体任务包括：

一是加强洪湖市长江段保护与治理。以长江流域的保护与治理为重点，提高全市河流优良水体比例。加快推进东荆河、四湖流域、长江洪湖段等全市域重点流域水污染风险防控工作，对重点防控工业企业开展环境应急预案编制、评估、修订、备案工作，实现预案及时更新和动态管理。对重点流域沿岸的生活源开展综合污染治理，完善污水处理设施，优化排水体制，增加河道流量。

二是加大四湖总干渠（洪湖段）综合整治力度。根据《四湖总干渠污染综合整治工作方案》，通过狠抓工业污染防治、加强城镇生活污染治理、推进农业农村污染防治、整治城市黑臭水体、改善水生态环境质量、严格水环境管理六方面重要任务和措施，切实改善四湖总干渠水环境质量。2017 年底前，对四湖总干渠沿线工业企业废水处理工艺进行提档升级，完成府场经济开发区、新滩经济开发区、临港工业园等工业聚集区污水处理设施。改扩建 9 个乡镇污水处理厂，出水水质稳定达到一级 A，新建污染源在线监控系统工程，加快现有 9 座污水处理厂配套管网建设，扩大污水管网覆盖范围，建立完善污水处理的工作运行机制。

三是开展洪湖水生态修复。在洪湖湿地自然保护区，通过采取河湖连通、湖泊清障、生物控制、底栖生物移植、营造景观生态等措施修复湿地生态系统，提高水域生物净化功能，促进河湖水质改善。着力构建多线连通、多层循环、生态健康的水网体系。以上游四湖总干渠及新堤排水闸为纽带，引江入湖，通过小港湖闸、张大口闸连接下内荆河，实现河湖水系互通，从而构成水资源循环通路，以提高洪湖湖区水体径流量，提升水体的稀释自净能力和自我修复能力，遏制湖泊生态退化趋势。加快推进洪湖大湖水花生与水葫芦防治基地建设，着力改善洪湖水生态环境。

第四章 重点工程

第 19 条 优先工程概述

根据洪湖市社会、经济和环境现状，针对农业面源污染防治示范区考核标准，聚焦洪湖市农业生态环境建设和保护中存在的问题和差距，兼顾可操作性和实用性，提出优先工程 8 类，包含 20 个项目，总投资 35.57 亿元。

第 20 条 化肥减量工程

"三减一高"式再生稻项目。在全市稻作区推广减肥、减水、减药、高质的再生稻种植模式，2020 年达到 30 万亩，2025 年达到 40 万亩，形成具有全国示范意义的控肥减药节水的洪湖经验。按高标准农田标准建设，总投资 9.00 亿元。

"种养耦合"式水肥一体化示范项目。建立猪—沼—菜、猪—沼—果示范基地各 1 个，覆盖农地 6 万亩，总投资 1.50 亿元。

"测土配方"精准施肥项目。建成智能终端配肥站 18 个，实现测土配方施肥精准化全覆盖。总投资 0.36 亿元。

"有机替代"化肥减量项目。建设规模化有机肥工厂 5 个，针对种植目标进行复混配肥，使有机肥覆盖面积达到 20 万亩。总投资 0.30 亿元。

第 21 条 农药减量工程

"统防统治"农作物病虫害监测服务体系建设项目。完善主要农作物重要病虫害监测、预警、预报工作，提高准确性和时效性，扶持做实做强专业化统防统治合作组织 3 个。总投资 1500 万元。

"绿色防控"示范区项目。建立水稻示范区 5 个、果蔬示范区 4 个，覆盖面积 70 万亩以上。总投资 3.50 亿元。

第 22 条 秸秆综合利用工程

"资源再生"秸秆收储运体系建设项目。每个乡镇建设一个万吨级秸秆收储站，共计 18 个。总投资 3600 万元。

"尾菜还田"蔬菜尾菜处理项目。在蔬菜集中产地和水生蔬菜基地建设蔬菜尾菜处理站，共计 6 个。总投资 600 万元。

秸秆还田项目。主要用于洪湖市秸秆还田综合处理农机具补贴、作业补贴、秸秆收储补贴和秸秆资源化利用补贴等，总投资 1800 万元。

第 23 条　畜禽养殖废弃物处理工程

"种养一体"畜禽养殖业农场化制度试点场项目。建设畜禽养殖业农场化制度试点场 3 个。根据规划给予适当补贴，支持将畜禽养殖场建在田间地头，做到适度规模，配套流转相适应的种植面积，粪便无害化处理后直接还田利用，且利用养殖污水种植一定的青贮饲料，做到畜禽养殖业与种植业的深度融合，促进畜禽养殖废弃物就近方便高效还田利用。总投资 300 万元。

"综合治理"畜禽养殖废弃物处理设施建设项目。分类指导，积极推广种养一体化、标准化改造、污水深度处理、粪便集中处理等畜禽粪便综合利用技术模式。新建 25 家规模养殖场废弃物处理设施配套建设。总投资 5000 万元。

第 24 条　水产养殖污染防治工程

"稻渔综合"种养区建设项目。以内荆河为中轴线，以瞿家湾镇、沙口镇、万全镇、汊河镇、小港管理区、乌林镇、老湾乡、大沙管理区、大同管理区为核心，充分利用区域内的稻田种植空间，推广稻—虾、稻—蟹、稻—鳖、稻—鳅等生态高效种养模式，建立 9 个生态健康养殖示范区，实现水产养殖标准化、健康化、生态化发展。总投资 10000 万元。

"3+5 型"河蟹生态健康养殖建设项目。以洪湖大湖周边乡镇为重要区域，积极开展生态复合养殖，推广健康养殖技术，建设生态工程化示范养殖小区，达到设施规范化、水质标准化、环境清洁化、发展循环化的养殖要求，建设面积 15 万亩。总投资 3.0 亿元。

"渔菜耦合"立体种养区项目。以扩大名特优养殖面积为主线，以戴家场、曹市镇、府场镇、峰口镇、万全镇、黄家口镇和大同湖管理区等乡镇（管理区）为核心，重点发展螃蟹、黄鳝、龙虾等优势特色水产品为主的生态养殖，将水生蔬菜种植耦合到池塘养殖平台，推动鱼—菜复合高效种养模式，建设面积 5 万亩。总投资 5000 万元。

第 25 条　农村环境清洁工程

"城乡一体"农村垃圾收运项目。建立环境卫生"门前三包、分区包干、定责定薪、联合考核"的长效保洁机制，做到人员、制度、职责、经费四落实。建立"户分类—村收集—镇运输—市处理"的垃圾收集处理体系。积极借鉴大同湖、瞿家湾等乡镇的成功经验，各行政村按照每 5 户配备两个垃圾箱，分别收集餐厨垃圾和其他垃圾；各行政村按照每 100~150 户配 1~2 名专职或兼职保洁员，负责区域的垃圾清扫及针对垃圾箱中的可回收与不可回收垃圾的分类工作；每个行政村配备垃圾清运车 1 辆，分开运输餐厨垃圾、保洁员分拣出的可回收垃圾和不可回收垃圾，餐厨垃圾可集中运输至各乡镇的生态堆肥场，不可回收垃圾统一运往各乡镇的生活垃圾收集转运场所；根据各乡镇生活垃圾实际产生量，扩建乡镇垃圾收集处理设施，扩建滨湖办、瞿家湾镇、沙口镇、汊河镇、小港管理区、峰口镇、戴家场镇、万全镇、曹市镇、府场镇、燕窝镇、乌林镇、龙口镇、新滩镇、大同湖、大沙湖、老湾乡、滨湖、螺山等 19 个地区生活垃圾收集转运设施。总投资 1800 万元。

"全防全治"乡镇污水处理项目。2017 年前已建滨湖办事处、大同湖管理区、燕窝镇、龙口镇、乌林镇、老湾乡、大沙湖管理区、螺山镇等乡镇污水处理厂；2020 年前新建临港工业园污水处理厂、府场经济开发区污水处理厂、新滩经济开发区污水处理厂。9 个新建城镇污水处理设施和 3 个工业园区污水处理设施的配套管网应同步设计、同步建设、同步投运，且污水处理厂出水水质执行一级 A 排放标准。总投资 4.00 亿元。

第 26 条　农业生态修复工程

洪湖水生态修复项目。在洪湖湿地自然保护区，通过采取河湖连通、湖泊清障、生物控制、底栖生物移植、营造景观生态等措施修复湿地生态系统，提高水域生物净化功能，促进河湖水质改善。①洪湖市河湖水系水生态修复工程，着力构建多线连通、多层循环、生态健康的水网体系。②湖泊清障工程，采取机械及人工除草、药物除草与生态除草措施，开展洪湖水草清除工作；推进洪湖大湖水花生与水葫芦防治基地建设，着力改善洪湖水生态环境。③湖泊湿地景观营造工程。构建功能性水生植物带和观赏性水生植物带，促进湖泊生态环境向绿化、净化、美化、活化的可持续的生态系统演变。④退田还湿治理工程，完成围垸 180 千米、退渔还湖、退田还湿 13000 亩。总投资 10.0 亿元。

土壤污染修复试点项目。按照全国土壤污染状况调查工作的统一部署，全面完成洪湖市土壤污染现状调查。重点针对"退城进园"后企业遗弃的土地，进行土壤污染风险评估，开展土壤污染修复试点和工程示范。对严重污染的耕地实施退耕还林，恢复自然植被；轻度污染的土地通过加深耕作层、增施有机肥、轮作换茬、定期土壤消毒、降低农药施用强度等方式修复、改善土壤质量，并推广科技农业、生态农业。总投资 2.0 亿元。

第27条　农业环保能力建设工程

公益型农业服务体系建设项目。完善农技推广服务体系、动物疫病防控体系、水生生物疫病防控体系、农产品质量安全检测体系等公益型服务体系,将乡镇农业公益型服务体系纳入地方财政全额预算管理,配备必要工作条件与工作经费。总投资3000万元。

农业资源与环境监测体系建设项目。加快建立健全耕地地力监测与质量 评价体系、农产品产地重金属污染监测与评价体系、农作物病虫害监测体系建设测与评价体系等,建设覆盖主要生态区域的农业四情、耕地质量、水质、农业面源污染、农业生态环境等监测网点,实现信息采集智能化,全面掌握和科学评价生态环境现状,为科学决策提供有效支撑。总投资1500万元。

生态循环农业"两创"项目。大力推行农业清洁生产、标准化生产,组织农业适度规模经营,积极推进生态循环农业建设,整建制创建国家级生态循环农业示范县(市);以循环农业为基础,以荆州市整体纳入国家可持续农业发展示范区为契机,创建国家级循环农业发展示范县(市)。总投资500万元。

第28条　重点工程

在确保优先工程的情况下,提出洪湖市农业面源污染防治重点项目。2017—2020年,共规划农业清洁生产、农业污染防治、农村环境整治3大领域36个项目,总投资约79.35亿元。

农业清洁生产工程。以构建绿色低碳循环的生态农业为目标,实施水资源、土地资源、集约节约利用项目,积极发展生态农业,结合洪湖实际情况推进现代化农业产业板块、农产品质量安全和节水农业建设。重点项目共12个,投资38.51亿元。

农业环境保护工程。加强农业环境保护,对自然保护区、湿地公园等生态敏感点实施保护建设工程,保护恢复湿地生态系统,加强重点濒危物种保护力度,加强防范外来入侵物种。深入开展水污染防治,推进实施流域综合整治、湖泊生态修复、集中式饮用水水源安全保障等重点工程,对秸秆焚烧等开展专项环境整治行动,推进土壤污染防治,实施土壤污染普查和重金属污染普查行动,提升土壤环境质量,确保农业环境安全。重点项目17个,投资39.04亿元。

农村环境整治工程。加快推进污水处理设施、垃圾无害化处理设施等城市环境基础设施建设,推进农村环境综合整治,全面推进海绵城市建设进程,提升农村的绿色水平。打造滨江滨河滨湖三条自然生态景观带，营造洪湖特色的水乡园林景观。项目 6 个，投资 11.80 亿元。

第五章　保障措施

第 29 条　加强组织领导

洪湖市成立以分管市长任组长的农业面源污染防治推进领导小组，及时加强对乡镇场工作的指导。小组下设办公室，挂靠农业局，农业系统要切实增强对农业面源污染防治工作重要性、紧迫性的认识，将农业面源污染防治纳入打好节能减排和环境治理攻坚战的总体安排，积极争取上级部门的关心与支持，及时加强与发展改革、财政、国土、环保、水利等部门的沟通协作，形成打好农业面源污染防治攻坚战的工作合力。

第 30 条　强化工作落实

领导小组要强化顶层设计，做好科学谋划部署，并加强对乡镇工作的督查、考核和评估，建立综合评价指标体系和评价方法，客观评价农业面源污染防治效果。农业部门要强化责任意识和主体意识，分工明确、责任到位，科学制定具体实施方案，加大投入力度，争取一批重大工程项目，加强监管与综合执法，确保农业面源污染防治工作取得实效。

第 31 条　加强执法力度

贯彻落实《农业法》《环境保护法》《畜禽规模养殖污染防治条例》等有关农业面源污染防治要求。切实完善农业投入品生产、经营、使用，节水、节肥、节药等农业生产技术及农业面源污染监测、治理等管理制度。依法明确农业部门的职能定位，围绕执法队伍、执法能力、执法手段等方面加强执法体系建设。

第 32 条　完善政策措施

不断拓宽农业面源污染防治经费渠道，保障测土配方施肥、低毒生物农药补贴、病虫害统防统治补助、耕地质量保护与提升、农业清洁生产示范经费的落实到位；积极申报种养结合循环农业、畜禽粪污资源化利用等项目，逐步形成稳定的资金来源。引导各类农业经营主体、社会化服务组织和企业等参与农业面源污染防治工作。

第33条　加强监测预警

建立完善农田氮磷流失、畜禽养殖废弃物排放、农田地膜残留、耕地重金属污染等农业面源污染监测体系，摸清农业面源污染的组成、发生特征和影响因素，进一步加强洪湖流域农业面源污染监测，实现监测与评价、预报与预警的常态化和规范化。加强农业环境监测队伍机构建设，不断提升农业面源污染例行监测的能力和水平。

第34条　强化科技支撑

加强与高等院校、科研院所的联系，促进科研资源整合与协同创新，紧紧围绕科学施肥用药、农业投入品高效利用、农业面源污染综合防治、农业废弃物循环利用、耕地重金属污染修复、生态友好型农业和清洁养殖关键技术问题，形成一整套适合洪湖市平原湖区农情的农业清洁生产技术和农业面源污染防治技术的模式与体系。健全经费保障和激励机制，进一步加强农业面源污染防治技术推广服务力度。

第35条　加强舆论引导

充分利用报纸、广播、电视、新媒体等途径，加强农业面源污染防治的科学普及、舆论宣传和技术推广，让社会公众和农民群众认清农业面源污染的来源、本质和危害。大力宣传农业面源污染防治工作的意义，推广普及化害为利、变废为宝的清洁生产技术和污染防治措施，让广大群众理解、支持、参与到农业面源污染防治工作。

第36条　推进公众参与

建立完善农业资源环境信息系统和数据发布平台，推动环境信息公开，及时回应社会关切的热点问题，畅通公众表达及诉求渠道，充分保障和发挥社会公众的环境知情权和监督作用。深入开展生态文明教育培训，切实提高农民节约资源、保护环境的自觉性和主动性，为推进农业面源污染防治的公众参与创造良好的社会环境。